青少年应该知道的

动物百科知识

刘盼盼◎编著

在未知领域 我们努力探索
在已知领域 我们重新发现

延边大学出版社

图书在版编目（CIP）数据

青少年应该知道的动物百科知识 / 刘盼盼编著 .
—延吉：延边大学出版社，2012.4（2021.1 重印）
ISBN 978-7-5634-3953-9

Ⅰ . ①青… Ⅱ . ①刘… Ⅲ . ①动物—青年读物
②动物—少年读物 Ⅳ . ① Q95-49

中国版本图书馆 CIP 数据核字 (2012) 第 051749 号

青少年应该知道的动物百科知识

编　　　著：刘盼盼
责 任 编 辑：林景浩
封 面 设 计：映象视觉
出 版 发 行：延边大学出版社
社　　　址：吉林省延吉市公园路 977 号　　邮编：133002
网　　　址：http://www.ydcbs.com　　E-mail：ydcbs@ydcbs.com
电　　　话：0433-2732435　　传真：0433-2732434
发行部电话：0433-2732442　　传真：0433-2733056
印　　　刷：唐山新苑印务有限公司
开　　　本：16K　690×960 毫米
印　　　张：10 印张
字　　　数：120 千字
版　　　次：2012 年 4 月第 1 版
印　　　次：2021 年 1 月第 3 次印刷
书　　　号：ISBN 978-7-5634-3953-9

定　　　价：29.80 元

前言
Foreword

　　40 亿年前的地球还只是一片荒寂，然而正是动植物的出现打破了地球的沉默。也许，它们有的只是一个细胞，渺小得似乎可以忽视，但它们却宣告了一个不平凡的开始——地球上从此有了生命。经过几亿年的进化繁衍，地球上变得日益充盈。从浩瀚的海洋到广阔的天空，从葱翠的平原到荒芜的沙漠，从赤日炎炎的非洲内陆到冰雪覆盖的南极大陆……到处都有它们的踪迹，它们的存在让地球变得更加美丽且富有生机，也是它们的存在，让人类感受到了自然界的浩瀚与生机。

　　动物界是一个庞大的家族，它们可能是庞然大物，它们可能很弱小，它们可能非常凶猛，也可能很友善。它们快步疾走，它们飞奔跳跃，它们展翅飞翔。它们或披着鳞、带着甲，或裹着厚厚的皮毛，共同演绎着这个世界的五光十色和盎然生机。在地球上，它们无所不在，甚

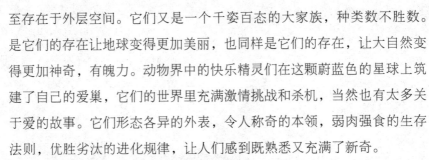

至存在于外层空间。它们又是一个千姿百态的大家族，种类数不胜数。是它们的存在让地球变得更加美丽，也同样是它们的存在，让大自然变得更加神奇，有魄力。动物界中的快乐精灵们在这颗蔚蓝色的星球上筑建了自己的爱巢，它们的世界里充满激情挑战和杀机，当然也有太多关于爱的故事。它们形态各异的外表，令人称奇的本领，弱肉强食的生存法则，优胜劣汰的进化规律，让人们感到既熟悉又充满了新奇。

人类主宰着这个地球，但是你想过只有人类的地球将是怎样一种荒凉的景象吗？生活在现代化的城市，你记忆里的世界是否和眼前匆匆而过的人群一样单调和孤独。本书将带你走进一个动物的世界，形形色色的动物交替上演它们的故事，带你走进一个你所不知道的世界。

《青少年应该知道的百科知识》将会带你快捷地进入动物的世界、与鹰翱翔于天空，与鱼嬉戏于大海，与豹驰骋于草原，让我们一起感受它们的神奇与美丽，在这里，将为你展现出一个蔚为大观的动物世界。

目录
CONTENTS

第❶章
鱼类动物

第❷章
鸟类动物

第❸章

爬行类动物

第❹章

两栖类动物

第❺章

哺乳类动物

第❻章

无脊椎动物

鱼

类 动 物

YULEIDONGWU

鱼类是世界上最古老的脊椎动物，它们几乎生活在地球上所有的水生环境中，从淡水的湖泊、河流到咸水的大海和大洋。鱼类是终年生活在水中，用鳃呼吸、用鳍辅助身体平衡与运动的变温脊椎动物。已知的鱼类大约有2万余种，是脊椎动物亚门中最原始、最低级的一群。鱼肉富含动物蛋白质和磷质等，营养丰富，滋味鲜美，易被人体消化吸收，对人类体力和智力的发展具有重大作用。鱼体的其他部分可制成鱼肝油、鱼胶、鱼粉等。有些鱼类如金鱼、热带鱼等体态多姿、色彩艳丽，具有较高的观赏价值。

鲨 鱼

Sha Yu

鲨鱼是一种历史悠久的动物，早在恐龙出现的 3 亿年前，鲨鱼就生活在这个地球上了。也就是说鲨鱼已经在地球上生活了超过了 4 亿年，而其他们在 1 亿年来几乎没有改变。鲨鱼在古代被称为鲛、鲛鲨、鲨鱼，鲨鱼在海洋中是一种身形庞大的鱼类，一直以来都有"海中狼"之称。

鲨鱼被人们认为是海洋中最凶猛的动物，它们通常以海洋中小型的生物为生。由于鲨鱼和须鲸在食物的选择方面有相似之处，经过漫长的演化，它们长的和须鲸有点相似，于是鲸鲨的名字就理所当然了。

你也许不知道，所有的鲨鱼都有一身的软骨。鲨鱼属于鲨纲动物，而且所有的鲨纲动物都具有软骨。所以说，鲨鱼的骨架是由软骨构成，而不是由骨头构成。而软骨比骨头更轻、更具有弹性。

鲨鱼的体型有一定差异，有的鲨鱼身长小至 18 厘米，但有的身长可

※ 鲨鱼

2

以达到 20 米。鲸鲨是海洋中最大的鲨鱼，它长成后，身长可以达到 20 米。虽然鲸鲨的体型庞大，但是它的牙齿是鱼中最小的。世界上最小的鲨鱼就是侏儒角鲨，这种鲨鱼小到可以放在手上，它长约 18 厘米至 25 厘米，其重量还不到一磅。

鲨鱼在游泳的时候主要靠的是身体，它像蛇一样的运动并配合尾鳍像橹一样摆动着向前进。鲨鱼在游动的时候多数不能前进、不能倒退，鲨鱼没有鳔，这类动物的比重主要由于肝脏储藏的油脂量来决定。鲨鱼的密度比水大，所以假如鲨鱼不积极地游泳就会沉到海底。

鲨鱼的每侧有 5～7 个鳃裂，在游动的时候海水通过半张开的口吸入，从鳃裂中流出进行气体交换。

鲨鱼的牙齿更换很频繁，鲨鱼的一生需要更换上万颗牙齿。很多的鲨鱼口中都有成排的利齿，只要前排的牙齿因进食脱落，后方的牙齿就会补上前方牙齿的空缺。新的牙齿比旧的牙齿更大更耐用。而角鲨和棘角鲨则会更换整排的牙齿。鲨鱼的牙齿呈锯齿状，这样一来，鲨鱼在捕食的时候不但能仅仅的咬住猎物，也可能将猎来的食物锯碎。

鲨鱼的牙齿结构又是它的另一个独特之处。凡是熟悉鲨鱼的人都知道，鲨鱼的牙齿像一把锋利的尖刀，它能够轻而易举咬断像手指般粗的电缆。不同种类的鲨鱼，它的牙齿大小、形状和功能几乎都不相同。因此，鱼类学家只要从鲨鱼牙齿的形状和大小，就能判别出它是属于哪个目、属或者是科。

鲨鱼多数靠的是海洋性生物为食，除了吃这些食物，鲨鱼也会吃船上抛下来的垃圾和废弃物。鲨鱼也会猎食一些海洋哺乳类动物，有些鲨鱼可以几个月不进食，大白鲨就是其中的一种。

大白鲨的身体庞大，并不像其他的动物那么灵活，但是大白鲨却是绝佳的猎人，因为

※ 鲨鱼

它总会出其不意，所以说，大白鲨也是个擅长伪装的猎食者。大白鲨的上半身颜色很暗，下半身却很明亮，它能借着这种保护色攻击其他的动物。

因人类对事物的猎奇猎珍心理，我们餐桌逐渐出现的鲨鱼的身影，香喷喷的鱼翅汤就是用鲨鱼的背鳍做的，但是，鲨鱼一旦被割去背鳍就会失去平衡能力，甚至沉到海底饿死。所以说，鲨鱼是需要我们保护的品种。

◎相关传说

有一个很有趣的故事讲的就是鲨鱼：在很久很久以前，上帝创造了鱼类，鲨鱼只是其中的一种小鱼。有一天，上帝想到了鱼类的贡献，就赏赐给所有的鱼一个鳔，但是顽皮的小鲨鱼在玩耍，等小鲨鱼知道后，上帝已经走了。小鲨鱼只能不停地游啊游，后来越游身体就越强壮。千年之后，上帝来视察，忽然就发现鲨鱼长得很大，他一直都认为自己对每条鱼都很公平，就问鲨鱼为什么，鲨鱼回答说："因为当年我的祖先没有得到您的恩赐，所以他只能不停地游，越游就越强壮了！"

▶ 知 识 窗

以前，大家都普遍认为鲨鱼从不睡觉。据佛罗里达州自然历史博物馆的记载，白鳍鲨和虎鲨其实是睡觉的，它们是白天睡觉，晚上出来活动。大白鲨是日行性猎食者。其他种类如护士鲨通过气孔，迫使水通过鳃，提供稳定的富氧水，让它们在静止不动时可以呼吸。支配游水的器官——中央测试信号发生器位于脊髓，它让鲨鱼可以无意识地游泳。但因为鱼没有眼睑，所以无法判断鲨鱼是否在睡觉。

| 拓展思考 |

1. 鲨鱼以什么为食？
2. 鲨鱼现在的生存状况如何？

青少年应该知道的动物百科知识

比目鱼

Bi Mu Yu

比目鱼是蝶形目约 600 多种卵圆形扁平鱼类的统称，又叫獭目鱼。比目鱼常见于热带到寒带水域，主要是海洋生产，生活在深度海水中，但有些则生活在淡水中。

比目鱼是一种食肉性鱼类，身体经常埋于泥沙中。有的比目鱼能随环境的变化而改变体色，比目鱼最显著的特征之一就是两眼全部都在头的一侧；另一特征为体色，有眼的一侧有颜色，但下面无眼的一侧为白色。其他特征为沿背腹缘分别具长形的背、臀鳍。蝶科 100 种，一般两眼位于右侧。鲆科约 200 种，两眼均在身体左侧。其他主要科有鳎科和舌鳎科。比目鱼的体型各异，小型种仅长约 10 厘米，而最大的大西洋大比目鱼可长达 2 米，重 325 千克。比目鱼也是很名贵的食用鱼，如：大比目鱼和大菱鲆。

比目鱼的种类很多，仅我国海域就有 50 多种。人们把两眼位于身体左侧者叫鲆、鳎，两眼位于右侧者叫蝶和舌鳎。

◎比目鱼的特征及利用价值

比目鱼一般栖息在浅海的沙质海底，靠捕食小鱼虾为生。它们特别适于在海床上的底栖生活，由于它们的身体扁平，双眼同在身体朝上的一侧，这一侧身体颜色与周围环境配合得很好；它们身体的朝下一侧为白色。比目鱼的身体表面有极细密的鳞片。比目鱼只有一条背鳍，从头部几乎延伸到尾鳍。它们主要生活在温带水域，是温带海域重要的经济鱼类。

另外还有一点值得一提，不同种类的比目鱼，眼睛移动的路线和方法是不一样的，鲆科的两眼长在左侧，蝶科和鳎科的两眼却长在右侧。比目鱼的头骨是软骨构成的。当比目鱼的眼睛开始移动时，比目鱼两眼间的软骨先被身体吸收。这样，眼睛的移动就没有障碍了。比目鱼眼睛的移动使比目鱼的体内构造和器官也发生了变化。比目鱼已经不适应漂浮生活，只好横卧海底了。

比目鱼是一种名贵的海产品，渔业上把它叫做牙鲆，牙鲆的身体一般长 25 厘米到 50 厘米，最大的牙鲆有 70 厘米。牙鲆会根据季节的更替，

做短距离的集群洄游。在我国沿海，牙鲆有广泛的分布。黄海、渤海的渔民们用海底曳网捕捞牙鲆。新鲜的牙鲆可以食用或者制作成罐头，牙鲆的肝脏还可以提炼鱼肝油。

比目鱼的两眼要往哪个方向发展不是随心所欲地安排的，而是一代代遗传下来的。正常情况下，在身体左右侧是对称的。但随着慢慢长大，比目鱼也学着它们长辈的样子，沉到海底，时常将身体埋藏在沙子里，于是两只眼睛就渐渐移到身体一侧，这样对于两眼要露出沙外观察动物十分方便；身体朝上的一侧颜色变得和周围环境如沙石等的颜色相似，便于伪装；但只要受到触动，身体就会上下波动快速游到另一个地方，一转眼又把身体埋进沙里了。比目鱼一直生活在海底，这就为它们捕食提供了各种便利的条件。比目鱼将身体埋于沙中，伺机捕食各种小鱼、贝、乌贼或其他小动物。

◎比目鱼的寓意

在我国，比目鱼是象征忠贞爱情的奇鱼。在古代就有许多诗人留下了大量吟诵比目鱼的佳句："凤凰双栖鱼比目""得成比目何辞死，愿作鸳鸯不羡仙"等。清代著名戏剧家李渔曾著有一部描写才子佳人爱情故事的剧本，其名就叫《比目鱼》。

▶ 知识窗

关于比目鱼的解释很多，其实古人对比目鱼的认识是有误的，《尔雅·释地》中说："东方有比目焉，不比不行，其名谓之鲽。"《吴都赋》中又说："双则比目，片则王余。"（注曰："比目鱼，东海所出。王余鱼，其身半也。俗云：越王鲙鱼未尽，因而以其半弃于水中为鱼，遂无其一面，故曰王余也。"）

古人之所以将这种鱼称为比目鱼，就是因为它"状如牛脾，鳞细，紫黑色，一眼，两片相合乃得行，故称比目鱼。"前面已经说了，比目鱼确实是一侧有眼，一侧无眼的怪鱼，但并非只有一只眼，而是两只眼贴近在一边，说它"两片相合乃得行"更是大错特错了。

▦▦▦▦▦▦▦ 拓展思考 ▦▦▦▦▦▦▦

1. 比目鱼的生活习性你知道多少？
2. 在中国还有哪些动物被赋予了象征意义？

旗 鱼

Qí Yú

旗鱼属鱼纲，旗鱼科。旗鱼主要分布在全世界热、温带海域，旗鱼的身体呈长圆形，矛状，和它的近缘种类比如说枪鱼的区别就是旗鱼的身体比较细长，腹鳍长，特别是旗鱼的背鳍，大如帆。旗鱼的身体呈蓝色，腹侧为银白色，它的背鳍上有斑点。比目鱼主要以其他的鱼类为食，旗鱼的身体长达 3.4 米，重约 90 千克。

◎分布地区

旗鱼又被叫做为芭蕉鱼，一般身体长 2~3 米，旗鱼的种类主要分布在印度尼西亚至太平洋中部诸岛，北至日本南部。中国的旗鱼分布地带主要是南海诸岛、台湾海域、广东、福建、浙江、江苏、山东等沿海地区。

旗鱼与月鱼体型相似，但是旗鱼的背腹和尾柄都较宽。旗鱼的头部钝圆，但是外缘平直，它的背鳍大于臀鳍，背鳍和臀鳍的边缘都呈弧形，身体的颜色容易发生变化。旗鱼的第一背鳍长得又长又高，前端上缘凹陷，它们竖展的时候，仿佛是船上扬起的一张风帆，又像是扯着的一面面旗帜，人们因此叫它旗鱼。

※ 旗鱼

第二背鳍与第一背鳍之间有一段距离，第一背鳍前部鳍棘约为中部鳍棘长的 1/2。体侧具许多淡色斑。第一背鳍特别高大，帆状。腹鳍较长，仅有一枚鳍棘，可折叠入腹凹内，几乎伸达臀鳍。除吻部裸露外，其余均被针状圆鳞，多埋于皮下。尾柄较细，每侧有 2 个短而低的隆起嵴。吻向前延伸，长而尖，似剑形。

◎繁殖特点

旗鱼几乎一年四季都在产卵，按照旗鱼的习性，它通常在每年的 1 月份在南半球海域产卵，3～7 月份则在北半球海区产卵。鱼卵直径约 1.6 毫米，经过一个星期之后就会孵化。在小鱼卵长到 10 厘米的时候，就可以进食其他的鱼类的稚鱼了。

◎生活习性及钓法

旗鱼分布在大西洋、印度洋及太平洋，印度尼西亚、日本、美国和我国的东海南部和南海等水域。台湾暖流（即黑潮，亦称"日本暖流"）的本流是它的洄游区。每年 10 月中旬以后靠近沿岸。不同种类的旗鱼洄游时间是不一样的，首先有真旗鱼洄游，接着有目旗鱼洄游，春夏期间是黑旗鱼洄游，夏秋季节有芭蕉旗鱼洄游。

钓获旗鱼的大好时节是旗鱼的洄游索饵期，旗鱼是肉食性鱼类，一般以鱼、乌贼、秋刀鱼等为食，在垂钓旗鱼的时候不妨选用鲜活的鱼为诱饵。

钓获旗鱼的办法主要有两种：拖钓和拉钓。

在进行拖钓的时候，一般应使用正式的拖钓艇，还要有专门的装备。钓竿要经得起 30～80 磅的拉力，最要选用专门的拖钓投竿。

在施钓前，首先应该寻找旗鱼的踪迹。旗鱼游泳的特点是背鳍和尾鳍往往会露出水面，垂钓者应根据鱼鳍的动态，即可判断鱼群的游向。这时候，垂钓者应设法将钓组抛到鱼群游向的前方，只要旗鱼一发现诱饵，就会张口吞食诱饵，并急忙潜入水中。在这种情况下，即可以放出母线，当被拉出 200 米左右的时候，一般母线会变得缓慢些，这个时候垂钓者沉着冷静地放线，反复地引遛，使它渐渐变得疲劳，就可以捕捉了。

在进行拉钓时，也必需使用专用的渔船。垂钓者需要注意的就是旗鱼的体型大，性凶猛。所以，在捕捞的最后一刻需要用木槌照准它的头猛力一击，使之昏迷，再捕捞上岸。打捞的时候要注意人身安全，必要的时候要切断母线。

▶知识窗

海洋动物世界中游泳最快的是旗鱼，平均时速可以到达 90 千米，短距离时速约为 110 千米。旗鱼游泳的时候会放下背鳍以减少阻力，它长剑一般的吻能很快地将水向两旁分开，不断地摆动尾柄尾鳍，仿佛船上的推进器，加上它流线型的身躯，发达的肌肉，摆动的力量很大，于是就像离弦的箭那样飞速地前进了。

在美国佛罗里达半岛大西洋海域，人们曾经观察记录了旗鱼的游速。有一条旗鱼，用了 3 秒钟的时间，游了 91.44 米，合时速约每小时 110 千米。

| 拓展思考 |

1. 旗鱼的最大特点是什么？
2. 旗鱼分布地区你知道多少？

银 鱼

Yin Yu

银鱼又被称为冰鱼、玻璃鱼，属银鱼科，淡水鱼，体长略圆，细嫩透明，色泽如银，肉质细嫩，生活周期短、世代离散、生殖力和定居能力强。

银鱼，体型细长，近圆筒形，后段略侧扁，体长大约为12厘米，头部极扁平。眼大；口亦大，吻长而尖，呈三角形。上下颌等长；前上颌骨、上颌骨、下颌骨和口盖上都生有一排细齿，下颌骨前部具犬齿1对。下颌前端没有联合前骨，但具一肉质突起。背鳍11～13，略在体后3/4处。胸鳍8～9，肌肉基不显着。臀鳍23～28，与背鳍相对；雄鱼臀鳍基部两侧都有一行大鳞，一般大约为18～21个。背鳍和尾鳍中央有一透明小脂鳍。体柔软无鳞，全身透明，死后体呈乳白色。体侧各有一排黑点，

※ 银鱼

腹面自胸部起经腹部至臀鳍前有 2 行平行的小黑点，沿臀鳍基左右分开，后端合而为一，直达尾基。除此之外，在尾鳍、胸鳍第一鳍条上也分布着一些小黑点。主要分布在中国东部近海和各大水系的河口，是重要的经济鱼类，银鱼属于鲑形目银鱼科。

◎分布地区

中国是世界上银鱼的起源地也是银鱼主要分布区，在中国东部近海和各大水系的河口共分布有世界 17 种银鱼中的 15 种，这是 15 种里面我国特有的就有 6 种。银鱼的营养价值和经济价值均很高，是重要的经济鱼类。能够生活在近海的淡水鱼，具有海洋至江河洄游的习性。分布在山东至浙江沿海地区，尤以鄱阳湖，长江口崇明等地为多。中国的太湖盛产银鱼。少数种类分布到朝鲜、日本及俄罗斯远东库页岛地区。北方各渔业部门加大对银鱼的重视，采取措施从太湖引进银鱼。我国北方河北各大水库均有，其中邯郸磁县岳城水库有优质银鱼。银鱼离开水就会死亡，死后体洁自如银，因而得名。寿命只有一年左右，当年生下的个体，第二年即长成而生殖。亲鱼在生殖后自然死亡。捕捞银鱼的汛期集中，一般是 5 月中下旬到 6 月底之间。银鱼个体虽小，但其味鲜而不腻，是餐桌上的佳品。长江中、下游各大、中型湖泊均产，但以太湖所产闻名遐迩，称为上品。

◎银鱼传说

很久很久以前，水晶宫龙王身边有一对童男童女，童男名的叫银果，童女名的叫银花。一日，龙王派他们俩到人间查看生物生长情况。到人间以后，他们看到人们过着美满幸福的生活，十分羡慕。从此以后，他俩的感情日益深厚，于是结为夫妻，过着男耕女织，相敬相爱的自由生活，再也不愿意返回水晶宫了。

没过多久，龙王知道了着这件事，认为银果、银花违犯了令条，罪不容赦，便派水兵水将，将他们捉拿回宫问罪，并传旨将银果、银花打出水晶宫，永为全身透明的小鱼。从此以后，银果，银花只能在浅水处游动。他们感情深厚，银花在人间有身孕了，肚子日渐大起来，游动也很缓慢。银果随着银花总不远游，并为银花寻找食物。不料这又被龙王知道了，龙王顿时大怒，即刻传旨，不许出生。银果、银花一听，悲痛万分，泪眼相望。

银果悲痛地说："这不是让我们断子绝孙吗？"银花接着说："我们已是夫妻，怎能没有儿女，我决意破肚而死，这样能保全后代繁衍下去。"

说罢，银花便游向碎石，破腹产卵而死。银果一见银花死去，他安置好卵子，也很快死去了。这是一段神话故事，不足为信。但银鱼的生命只有一年，确为事实。渔民们捕获的银鱼，不管是大鱼还是小鱼，一定都是当年的鱼。

▶ 知识窗

　　银鱼营养丰富，肉质细腻，洁白鲜嫩，无鳞无刺，无骨无肠，无腥，太湖银鱼含多种营养成分。冰鲜银鱼大部分出口，远销海外，人称"鱼参"。经过曝晒制成的银鱼干，色、香、味，形经久不变。银鱼可烹制成各种名菜佳肴，如银鱼炒蛋、干炸银鱼、银鱼煮汤、银鱼丸银鱼春卷、银鱼馄饨等，都是别具风味的湖鲜美食。

　　春秋战国时期，太湖就盛产银鱼。清康熙年间，银鱼被列为贡品，与梅鲚、白虾并称为太湖三宝。银鱼形似玉簪，色如象牙，软骨无鳞，肉质细嫩，味道鲜美，营养丰富，含有蛋白质、脂肪、铁、核黄素、钙、磷等多种成分。日本人称其为"鱼参"。银鱼可炒、可炸、可蒸、可做汤。银鱼炒蛋、银鱼氽汤、银鱼丸子、芙蓉银鱼等都是苏式菜肴中的名菜。太湖银鱼，历史悠久，据《太湖备考》记载，吴越春秋时期，太湖盛世产银鱼。宋人有"春后银鱼霜下鲈"的名句，将银鱼与鲈鱼并列为鱼中珍品。

拓展思考

1. 银鱼怎么得名的？
2. 银鱼分布在哪里？

青少年应该知道的动物百科知识

江 鳕

Jiang Xue

江鳕，为鳕科江鳕属的鱼类，俗称山鳕，山鲶鱼，是典型的冷水性鱼类；形似鲶鱼，所以又叫"山鲶鱼"。仅有的淡水种类，体长，生活于欧、亚及北美的冷水江河及湖泊中。江鳕体长，头扁平，前部圆筒状，后部侧扁。眼小，鳞小，吻稍圆钝，口前位。下颌突出，稍长于上颌。背鳍有 2 个，第一背鳍较小，第二背鳍特长，胸鳍与腹鳍均小，腹鳍胸位，尾鳍椭圆形。江鳕的体色会随着栖息环境及季节的变化而变化，通常背侧为暗褐色或灰褐色。江鳕喜穴居，常栖息于沙堤或有水草生长的河湾处，大多数时候在夜间活动，是冷水性底栖凶猛性鱼类，主要食物为鱼类、水生底栖动物及蛙类。其分布于北纬 40 度以北，我国黑龙江、松花江、乌苏里江、鸭绿江、额尔齐斯河均产。此鱼夏季不摄食，呈休眠状态

※ 江鳕

或游至较凉的山溪中去"避暑";冬季则在湖内水草丛中栖息。江鳕是一种肉食性凶猛鱼类,主要食鲫鱼,产量不高,通常捕得的个体为1.5～2千克。

◎分布地区

江鳕分布在亚洲、欧洲及北美洲北部等北温带及亚寒带,其中包括中国境内的乌苏里江、松花江、牡丹江、嫩江、额尔古纳河、海拉尔河、呼伦湖等流域。江鳕是北半球北部典型的冷水性淡水鱼,该物种的模式产地在欧洲。江鳕分布在北纬40°以北,是著名的淡水冷水性底栖凶猛性鱼类,喜欢栖息在水质清澈的沙底或有水草生长的河湾等处,习惯于在密草中穿梭游行,喜单独生活。幼鱼多生活在岸边,成鱼多在水深处。夏季时因水温增高,则游往山涧溪流水温较低的地方,活动降低,多呈休眠状态,此时营养差,体色也变得灰褐;到秋季又会恢复到活跃的状态,从山溪洄游到大江深处越冬。成鱼昼伏夜出,日间隐蔽在石峰洞穴或陡岩下,不大活动;夜间较活跃,到处觅食。江鳕以小白鲑、鲫、鮈亚科、胡瓜鱼、鳜、鲈塘鳢、七鳃鳗等。主要以鱼类为生,也吃各类鱼卵和幼鱼,以及同种幼鱼和卵,有时食少量水生昆虫的幼虫、底栖动物及蛙等。冬季的食量比夏季要大,夏季几乎不摄食。3～4龄鱼达到性成熟,产卵期为11月至翌年3月。产卵季节当水温接近0℃时,成鱼常集群游向产卵场,于水深2米的沙质底处产卵。怀卵量5～300万粒;卵呈黄色,直径1毫米左右,无黏性,透明而富有脂肪,卵漂浮或附着于其他物体上。多分布于北纬45度以北的欧亚河、湖之中,东至黑龙江流域,我国黑龙江、松花江、乌苏里江、鸭绿江、额尔齐斯河均产。

◎生活习性

江鳕为鳕形目中唯一生活在淡水中的种类,是鱼类中典型的冷水性鱼,常栖息在水质清侧,底质以沙砾为主的水底。以小鱼、甲壳类和两栖类动物为主食。性凶猛。鳕鱼喜欢水质清澈水流缓慢的沙底或有水草生长的河湾,习惯单独在密草中穿梭游行。幼鱼大多生活在岸边,成鱼多在水深处。

夏季时因水温增高,则游往山涧溪流水温较低的地方,活动降低,多呈休眠状态,几乎不摄食。此时营养差,体色也变得灰褐。到秋季又恢复活跃,从山溪洄游到大江深处越冬。成鱼是夜行性的动物,白天一般隐蔽在石峰洞穴或陡岩下,基本不活动;夜间相对比较活跃,到处觅食。

◎生长繁殖

夏季的时候蛰伏在山溪低温环境，秋天和冬天比较活跃。产卵期主要在冬季。卵多产于沙底。怀卵量 5～300 万粒，卵径 1 毫米左右。通常为 300～500 毫米，前 4 年生长快，后 4 年即减缓。寿命较长。已知的鳕鱼中活的最长的为 22 龄，性成熟较迟，最小成熟年龄 3 龄。3～4 龄性成熟。产卵期为秋末至翌年春初。产卵场多在峭壁沿岸、河底多石的冰下水深 1～3 米处。绝对生殖力为 5～300 万粒。产卵时，雄鱼先至产卵场，经 3～4 天雌鱼才来。雄鱼多转圈追逐雌鱼，转圈后雌雄鱼分别颤动身体产卵排精，产卵活动多在夜间进行。怀卵量随鱼体的大小相差悬殊，体长 34 厘米怀卵量 5.7 万粒，体长 87 厘米怀 300 万粒。卵黄色，卵径约 0.73 毫米。仔鱼的孵化期长，约 60 天。初孵仔鱼长 4 毫米左右。生长较慢，1 龄鱼体长平均 19 厘米，6 龄鱼体长平均 56 厘米，最大长 1 米，重 25 千克。

▶ 知 识 窗 ·······

　　江鳕的肉质并不鲜美，腥味儿特别重，再加上它生活习性诡秘，行踪不定，而且还吞食小山鼠等一些小动物，所以更加不受人们欢迎了。过去生活在黑龙江中下游的人们一直不吃江鳕，不过，1 条 1～1.5 千克重的江鳕，可以掏出来一大碗鱼肝。江鳕的肝不但营养价值高，而且味道极其鲜美，不仅是欧洲人特别喜欢的美味，也是可来制造鱼肝油的唯一淡水鱼。

|| 拓展思考 ||

1. 江鳕分布在哪里？
2. 江鳕的体形特征有哪些？

飞 鱼
Fei Yu

飞鱼属于银汉雨目飞鱼科，飞鱼大约有 40 种。广泛分布于全世界温暖水域，以能飞著名。飞鱼的体型比较小，最长的约 45 厘米。飞鱼有翼状的尾鳍和不对称的尾鳍。有一部分飞鱼的种类具有双翼而且胸脯也比较大，例如，分布广泛的翱翔飞鱼。但有些还具有四翼，胸鳍、腹鳍都比较大，如加州燕鳐。

飞鱼好像是在拍打翼状鳍，其实是在滑翔。飞鱼在水下的加速，游向水面时，鳍紧贴着流线型身体。一冲破水面就把大鳍张开，仍然在水中的尾部快速拍击，这样可以获得额外推力。等力量足够时，尾部完全出水，于是腾空，以每小时 16 千米的速度滑翔于水面上方。飞鱼可做连续滑翔，每次落回水中时，尾部又把身体推起来。较强壮的飞鱼一次滑翔可达 180米，连续的滑翔时间长达 43 秒，距离可远至 400 米。

飞鱼长相很是奇特，胸鳍特别发达，就像鸟类的翅膀一样。长长的胸鳍一直延伸到尾部，整个身体像织布的"长梭"。飞鱼靠着自己流线型的优美体型，在海中以每秒 10 米的速度高速运动。它能够跃出水面十几米，空中停留的最长时间是 40 多秒，飞行的最远距离有 400 多米。飞鱼的背部颜色和海水接近，它经常在海水表面活动。在蓝色的海面上，飞鱼时隐实现，它破浪前进的情景十分壮观，被认为是南海一道亮丽的风景线。2008 年 5 月，日本 NHK 电视台的职员在屋久岛海岸附近拍摄到一段飞鱼飞行的视频片段，时间长达 45 秒钟，这是目前最长的飞鱼飞行视频记录。之前的世界纪录为 42 秒。

◎飞鱼的繁殖

飞鱼在海中的主要食物是细小的浮游生物，每年的四、五月份，飞鱼都会从赤道附近到我国的内海产"仔"，以繁殖后代。它的卵又轻又小，卵表面的膜有丝状突起，非常适合挂在海藻上。以前渔民们根据飞鱼的产卵习性，在它产卵的必经之路，把许许多多几百米长的挂网放在海中，凭借这个来捕捉它们。

◎飞鱼飞行的秘密

大部分人都认为飞鱼是一种会飞的鱼类，其实，飞鱼并不会飞翔，它是用尾部用力拍水，整个身体，这就像离弦的箭一样向空中射出，飞腾跃出水面后，打开又长又亮的胸鳍与腹鳍快速向前滑翔。它的"翅膀"并不扇动，靠的是尾部的推动力在空中做短暂的"飞行"。仔细观察，飞鱼尾鳍的下半叶不仅很长，还很坚硬。所以说，尾鳍才是它"飞行"的"发动器"。如果将飞鱼的尾鳍剪掉，然后再把它放回海里，没有像鸟类那样发达的胸肌，本来就不能靠"翅膀"飞行的断尾飞鱼，就再也不能"飞翔"了。

※ 飞鱼

◎盛产飞鱼的地方

世界上以盛产飞鱼闻名于世的地方就是位于加勒比海东端的珊瑚岛巴巴多斯，在这里的飞鱼种类将近 100 种，最小的飞鱼不过手掌大，而大的就有 2 米多长。据当地人说，大飞鱼能跃出水面约 400 米高，最远可以在空中一口气滑翔 3000 多米。这种说法显然太夸张了。但飞鱼的确是巴巴多斯的特产，也是这个美丽岛国的象征，许多娱乐场所和旅游设施都是以"飞鱼"命名的，用飞鱼做成的菜肴则是巴巴多斯的名菜之一。游客们在此不仅能观赏到"飞鱼击浪"的奇观，还可以获得一枚制作精致的飞鱼纪念章。由于巴巴多斯盛产飞鱼，而且在这里可以欣赏到特别的飞鱼美景，所以这里被称之为"飞鱼的王国"。

◎飞鱼为什么要"飞行"

许多的海洋生物学家认为飞鱼的飞翔大多是为了逃避金枪鱼、剑鱼等大型鱼类的追逐，或者是由于船只的靠近受到惊吓而飞。海洋鱼类的大家庭并不总是平静的，飞鱼是生活在海洋上层的中小型鱼类，是鲨鱼、鲜花鳅、金枪鱼、剑鱼等凶猛鱼类争相捕食的对象。飞鱼并不轻易跃出水面，只有遭到敌害攻击时，或受到轮船引擎震荡声的刺激时，才施展出这种本领来。但有时候，飞鱼由于兴奋或生殖等原因也会跃出水面，不过有时候飞鱼则会无缘无故地起飞。飞鱼的视力很弱，在晚上几乎看不到任何东西，飞鱼具有趋光性，所以飞鱼经常会成为船只甲板上的"免费午餐"。

▶ 知 识 窗

飞鱼多年来引起了人们的兴趣，随着科学的发展，高速摄影揭开了飞鱼"飞行"的秘密。其实，飞鱼并不会飞翔，每当它准备离开水面时，必须在水中高速游泳，胸鳍紧贴身体两侧，像一只潜水艇稳稳上升。飞鱼用它的尾部用力拍水，整个身体好似离弦的箭一样向空中射出，飞腾跃出水面后，打开又长又亮的胸鳍与腹鳍快速向前滑翔。它的"翅膀"并不扇动，靠的是尾部的推动力在空中做短暂的"飞行"。仔细观察，飞鱼尾鳍的下半叶不仅很长，还很坚硬。所以说，尾鳍才是它"飞行"的"发动器"。如果将飞鱼的尾鳍剪去，再把它放回海里，没有像鸟类那样发达的胸肌，本来就不能靠"翅膀"飞行的断尾的飞鱼，只能带着再也不能腾空而起的遗憾，在海中默默无闻的渡过它的一生！

拓展思考

1. 你认为飞鱼为什么要飞行呢？
2. 飞鱼分布在哪里？

青少年应该知道的动物百科知识

鲶 鱼

Nian Yu

鲶鱼俗称塘虱，又称怀头鱼。鲶鱼，即"鲇鱼"，鲶鱼无鳞，头大，扁平，口部周围有长须，齿间细，绒毛状，颌齿及梨齿均排列呈弯带状，梨骨齿带连续，后缘中部略凹入。眼小，被皮膜。成鱼须 2 对，上颌须可深达胸鳍末端，下颌须较短。幼鱼期须 3 对，体长至 60 毫米左右时 1 对颏须开始消失。鲇鱼多黏液，体无鳞。背鳍很小，无硬刺，有 4～6 根鳍条。无脂鳍。臀鳍很长，后端连于尾鳍。鲇鱼体色通常呈黑褐色或灰黑色，略有暗云状斑块。大多数鲶鱼种类都生活在淡水中，也有少部分种类生活在海洋里。鲶鱼以小型鱼类为食物，有时也袭击岸上小鸟老鼠等小动物。世界各地都有鲶鱼的分布，多数种类是生活在池塘或河川等的淡水中，不过部分种类生活在海洋里。中国各省都出产鲶鱼，欧美市场上的鲶鱼肉大部分来自越南等东南亚国家。普遍的体上没有鳞，有扁平的头和大口，鲶鱼口的周围有数条长须，这些长须是用来辨别味道的，这是它的特征。鲶是肉食性凶猛鱼类，能在江河湖泊等天然水体中生长，皆为经济鱼类，而在放养的池塘、水库和湖泊中却是有害鱼类，放养前要尽可能清除这些鱼类。

◎生活习性

鲶鱼属于夜行性动物，白天的时候会静静地藏在河底的坑里或树根下。鲶鱼的食量很大，如多瑙河鲇的大型种类会袭击小型的水鸟或老鼠。鲶鱼为底层凶猛性鱼类。鲶鱼较怕光，所以喜欢生活在江河近岸的石隙、深坑、树根底部的土洞或石洞里，以及流速缓慢的水域。在水库、池塘、湖泊、水堰的静水中，多伏于阴暗的底层或成片的水浮莲、水花生、水葫芦下面。春天开始活动、觅食。入冬后不食，潜伏在深水区或洞穴里过冬，如果没有什么东西去侵动，它一般不游动。鲶鱼眼小，视力弱，昼伏夜出，所以全凭嗅觉和两对触须来猎取食物，很贪食，天气越热，食量越大，阴天和夜间活动频繁。

◎生长繁殖

鲶鱼性成熟早，一般情况下一岁的时候就成熟。产卵期长江一带为4～6月，越往南越早，越往北越晚。产卵时成群追逐，和达尔文蛙相似，雄性鲶鱼也是把雌鲶鱼产的卵含在嘴里，以此孵出小鲶鱼。不一样的是，雄鲶鱼在这段时期不能进食。鲶鱼幼鱼以浮游动物、软体动物为食，其中水生昆虫的幼虫和虾类是它的美味佳肴。鲶鱼贪食易长，500克左右的幼鱼便大量吞食鲫鱼、鲤鱼等。目前，最大淡水鲶鱼的世界纪录是扬州市扬庙镇水库的巨型鲶鱼。鲶鱼适宜生活在水温20℃～25℃水域。鲶鱼普遍的体上没有鳞，身体表面多黏液，有扁平的头和大口，上下颌有四根胡须，利用此须能辨别出味道。鲶鱼有三大，即嘴大、头大、肚子大。其色别有两种：一种是青灰色，一种是牙黄色，牙黄色的鲶鱼身上有花斑。鲶鱼的卵有毒，不小心误食会导致呕吐、腹痛、腹泻、呼吸困难，情况严重的时候会造成瘫痪。

▶知识窗

挪威人爱吃沙丁鱼，尤其是活鱼，挪威人在海上捕得沙丁鱼后，如果能让他活着抵港，卖价就会比死鱼高好几倍。但是，由于沙丁鱼生性懒惰，不爱运动，返航的路途又很长，因此捕捞到的沙丁鱼往往一回到码头就死了，即使有些活的，也是奄奄一息。只有一位渔民的沙丁鱼总是活的，而且很生猛，所以他赚的钱也比别人的多。该渔民严守成功秘密，直到他死后，人们才打开他的鱼槽，发现只不过是多了一条鲶鱼。原来鲶鱼以鱼为主要食物，装入鱼槽后，由于环境陌生，就会四处游动，而沙丁鱼发现这一非同类以后，也会紧张起来，加速游动，如此一来，沙丁鱼便活着回到港口，这就是所谓的"鲶鱼效应"。运用这一效应，通过个体的"中途介入"，对群体起到竞争作用，它符合人才管理的运行机制。

▶拓展思考

1. 从哪里可以看出鲶鱼性凶猛？
2. 什么是沙丁鱼效应？

鲤 鱼

Li Yu

鲤鱼原产于亚洲，从引进至欧洲、北美及其他地区。鲤鱼的鳞大，上腭两侧各有二须，单独或成小群地生活于平静且水草丛生的泥底的池塘、湖泊、河流中。背鳍的根部长，没有脂鳍，通常口边有须，但也有的没有须。口腔的深处有咽喉齿，用来磨碎食物。鲤鱼的种类很多，约有2900种。鲤鱼是杂食鱼类，在寻找食物的时候经常将水搅得很浑浊。

冬天的时候，鲤鱼会进入休眠的状态，沉伏于河底，不吃任何食物。鲤鱼在春天的时候产卵，雌鱼常在浅水带的植物或碎石屑上产大量的卵。卵在4～8天后孵化。鲤鱼常因食用而被养殖，特别在欧、亚二洲，每水域能生产出大量的鱼，是家养的变种。鲤的两个养殖品种是锦鲤和草鲤。鲤鱼在人工饲养下，可以存活40年左右。

◎分布地区

鲤鱼喜欢生活在平原上暖和的湖泊里面，或者水流缓慢的河川里。在中国很早就有人将鲤鱼当作观赏鱼或食用鱼，在德国等欧洲国家作为食用鱼被养殖。

◎生活习性

鲤鱼是杂食性动物，所以说鲤鱼的诱饵比较广泛，经常很容易被垂钓者收为"囊中之物"。鲤鱼同时也是低等的变温动物，体温随着水温的变化而变化。鲤鱼的摄食量并不算大，它同其他的淡水鱼一样都属于无胃鱼，而且鲤鱼的肠道又短又细，新陈代谢快，鲤鱼的摄食习性是"少吃多餐"。各种水草和水

※ 鲤鱼

生植物滋生繁茂的水域，也是各种浮游生物和底栖生物繁衍生息之所，鲤鱼群可以在这里摄取到丰盛食物。水草茂盛处又是鱼类绝佳的排卵产床，

每年春天繁殖季节，这一类的地方都是鲤鱼的聚集之所。一个池塘往往有溪流或渠水，就会有许多的鲤鱼聚集。因为，它不但为塘内鱼儿带来大量新鲜饵物，并且在进出水的地方又有较高的溶氧度，是鲤鱼觅食摄氧的理想去处。所谓"顺风的旗，顶水的鱼"，道理就在于此。水域宽阔的池塘，一遇风天，水面往往掀起较大风浪，风浪推动表层浮游生物和其他一些食物积聚于下风口处，这些饵物又被浪头打入水中，这一带于是成了鱼类的天然觅食场。

日照下的水温比较高，鱼儿爱来到阳光照耀下的浅水层觅食。由于早晚间的温差大，浅水层水温下降的比较快，幅度也比较大，鱼儿这时候便会到深水区去。随着昼与夜水面温度的升降，鱼儿也会随之日浮夜沉。随着这样的规律去寻找鲤鱼，一般很容易被发现。有的人就利用鲤鱼喜温这个习性，在炎热的夏季，顶着烈日寻找它们的踪影，但往往会失望而归。因为烈日当头，鱼儿一般在池塘最深处龟缩不动。若是选择在这个时候钓鱼，基本上都会空手而归。这是由鲤鱼的食性和生活习惯决定的，这也是它们出于防避敌害的一种天性与本能。当自然水体的含氧量降至不足1毫克时，就会引起多数鱼类停止摄食、"浮头"，甚至死亡。水中氧气一是来自水生植物的光合作用，再一个来自水面空气。无风天气溶氧慢，波浪大则溶氧情况好。哪一处缺氧，鲤鱼便很敏感地向含氧高的水域转移，这就是鱼喜草、喜流、喜波、喜浅滩的主要原因。

> **知识窗**
>
> 俗话常说"鲤鱼跳龙门"，这是比喻鲤鱼喜欢跳水的习性。鲤鱼和其他许多鱼都喜欢跳水。不同的鱼跳水的本领也不同。有的鱼跳得很高，如有一种叫做"跳鱼"的鱼，它能跳离水面4～5米，可以说是鱼中的"跳高冠军"。鲤鱼有时也能跳出水面一米以上。
>
> 鱼为什么会跳水呢？根据科学家们的分析，一般认为有几种原因。有的是由于周围环境的变化而引起的，如地震灾害发生前夕，地球磁场发生变化，鱼感受到了威胁；如为了躲避敌害的突然袭击，而越过途中的障碍；或者受到突然的恐吓等原因。鱼为了生存而产生的本能反应。
>
> 另一种原因是生理上的变化，当鱼到了快要生殖的时候，体内就产生了一些能刺激神经的东西，使它处于兴奋状态之中，因此就特别喜欢跳跃。

> **拓展思考**
>
> 1. 鲤鱼以什么为食？
> 2. 鲤鱼对生存环境有什么要求？

青少年应该知道的动物百科知识

鳗鲡

Man Li

鳗鲡属于鳗鲡目鳗鲡科，鳗鲡的仔鱼体长体长6厘米左右，体重0.1克，但它的头狭小，身体高、薄又透明像片叶子一般，所以称为柳叶鱼。它的体液几乎和海水一样，所以可以很省力地随着洋流作长距离的漂送。从产卵场漂回黑潮海流再流回台湾的海边一般大概要半年之久，在抵达岸边前一个月才开始变态为身体细长透明的鳗线，又被称作玻璃鱼。鳗鲡是一种降河性洄游鱼类，原产于海中，溯河到淡

※ 鳗鲡

水内长大，后回到海中产卵。每年春季，大批幼鳗成群自大海进入江河口。鳗鲡肉嫩多脂，是上等的食用鱼，为洄游性鱼类，长成的鳗鲡入海生殖，而鳗苗漂流至河口，能随潮入江河、湖泊摄食生长。

◎生活习性

鳗鲡是一种降河性洄游鱼类，原产于海中，溯河到淡水内长大，后回到海中产卵。每年春季，都有大批幼鳗（也称白仔、鳗线）会成群从大海进入到江河口。雄鳗通常就在江河口成长，而雌鳗则逆水上溯进入江河的干、支流和与江河相通的湖泊，有一部分甚至跋涉几千千米到达江河的上游各水体。它们在江河湖泊中生长、发育，一般情况下昼伏夜出，喜欢流水、弱光、穴居，具有很强的溯水能力，其潜逃能力也很强。鳗鲡常在夜间捕食，食物中有小鱼、蟹、虾、甲壳动物和水生昆虫，也食动物腐败尸体，更有部分个体的食物中发现有高等植物碎屑。摄食强度及生长速度随水温升高而增强，一般以春、夏两季为最高。池养的鳗鲡在盛夏时摄食强

度会降低。水温低于 15℃或高于 30℃时，鳗鲡食欲会下降，生长也会减慢；10℃以下停止摄食。冬季潜入泥中，进行冬眠。鳗鲡能用皮肤呼吸，有时离开水，只要皮肤保持潮湿，就不会死亡。

◎生长繁殖

到达性成熟年龄的鳗鲡个体，会在秋季又大批降河，游至江河口与雄鳗会合后，继续游到海洋中进行繁殖。根据推测鳗鲡产卵场在北纬 30 度以南和中国台湾的东南附近，水深 400～500 米，水温 16℃～17℃，含盐量 30‰以上的海水中，1 次性产卵，1 尾雌鳗 1 次可产卵 700～1000 万粒。卵小，直径 1 毫米左右，浮性，10 天内就可以孵化。孵化后仔鱼逐渐上升到水表层，以后被海流漂向中国、朝鲜、日本沿岸，此时仔鱼约为 1 龄，冬春在近岸处变为白苗，并随着色素的增加而变为黑苗。开始溯河时为白苗，到溯河后期则以黑苗为主，混杂少量白苗。鳗鲡的性腺在淡水中不能很好地发育，更不能在淡水中繁殖，雌鳗鲡的性腺发育是在降河洄游入海之后才得以完成。在秋末 8～9 月间的时候，大批雌鳗接近性成熟时降河入海，并随同在河口地带生长的雄鳗至外海进行繁殖。

▶知识窗

在鳗鱼的肉质里，含有丰富的蛋白质、维生素 A、D、E、矿物质以及不饱和脂肪酸 DHA/EPA。它能提供人类生长、维持生命所需的营养成分。长期食鳗，对于强健体魄、增进活力以及滋补养颜上极有帮助，特别是孕妇与婴幼儿。与其他动物性食品比较，鳗鱼的维生素 A、维生素 E 及脂肪中含有的多元不饱和脂肪酸等，均有较高的含量。值得一提的是河鳗含丰富的抗氧化营养素，如维生素 A，每 100 千克鳗鱼含将近 2500 国际单位（IU），达成年人维生素 A 每日营养素建议摄取量的 50%，其他如矿物质钙，每 100 千克鳗鱼约含 100 毫克。

| 拓展思考 |

1. 鳗鲡以什么为食？
2. 生活在哪里？

金鱼

Jin Yu

金鱼最早起源于我国，从 12 世纪开始就已经有金鱼家化的遗传研究了，经过几百年的培育，金鱼的品种不断被优化，现在世界各国的金鱼都是从我国直接或间接引种的。

在我国，金鱼很早就被奠定了国鱼的身份。在人类的文明史上，金鱼已经陪伴人类生活了十几个世纪，它是世界上最早作为观赏鱼的品种。

※ 金鱼

金鱼深受我国广大人民的喜爱，据史料记载，金鱼起源于我国普通食用的野生鲫鱼。它先由银灰色的野生鲫鱼变为红黄色的金鲫鱼，然后再经过不同时期的家养，由红黄色金鲫鱼逐渐变成为各个不同品种的金鱼。远在中国晋朝时代就已经有红色鲫鱼的记录出现。在唐代的"放生池"中，就已经开始出现红黄色鲫鱼，宋代开始出现金黄色鲫鱼，人们开始用池子养金鱼，金鱼的颜色出现白花和花斑两种。到明代的时候，金鱼已经搬进了鱼盆。金鱼和鲫鱼同属于一个物种，在科学上用同一个学名。早在石器时代，人们就捕捉鱼类作为食物。早在距今 3200 多年前，中国就已经有了养鱼的记录。人们长期的捕鱼、捉鱼、养鱼，同鱼类的接触也很多。金鱼也就是人们在长期与鱼类接触时才被发现的，当时的人们将所有的金色或者是红色的鱼统称为"金鱼"。

◎体色的变异

金鱼的颜色有很多种，这主要是由于真皮层中许多有色素皮肤细胞所产生的。金鱼的颜色成分只有三种：黑色色素细胞、橙黄色色素细胞和淡蓝色的反光组织。所有的这些成分都存在于野生鲫鱼中。家养金鱼鲜艳多变的体色，这只不过是这三种成分的重新组合分布，强度、密度的变化，或消失了其中一个、两个或三个成分而形成的。

金鱼是一种会变色的鱼类，变色主要原因主要神经系统和内分泌控制。金鱼变色主要是为了适应环境色彩，同时还有其他因素，例如：在受电光照射后，就会把一定的颜色和斑纹显示出来。当金鱼生病或水质变坏时金鱼的体色就会变暗，失去光泽。

◎头形的变异

各地的金鱼饲养者把头形分为虎头、狮头、鹅头、高头、帽子和蛤蟆头。在这些头形中，有的是同一类型的，只不过在各地有着不同的名称。如北京饲养者如北京饲养者称为虎的，在南方称为狮头；在北京称为帽子的，在南方称为高头或鹅头。平头形的金鱼头部皮肤是薄而平滑的，成为平头形。平头形的金鱼有窄平头和宽平头之分；鹅头形的金鱼头顶的肉瘤厚厚凸起，而两腮上则是薄而平滑的；狮头形的金鱼头顶和两侧鳃盖头顶和两侧鳃盖上的肉瘤都是厚厚凸起，发达时甚至能把眼睛遮住。

◎眼睛的变异

金鱼的眼睛可分为正常眼、龙眼、朝天眼和水泡眼，正常眼的金鱼与野生型鲫鱼眼睛大小一样的被称之为正常眼；龙眼金鱼眼球过分膨大，并部分地突出于眼眶之外，这种眼称为龙眼；朝天眼的金鱼跟龙眼金鱼比较像，它们都比正常眼大，眼球也部分地突出于眼眶之外，所不同的是朝天眼的瞳孔向上转了 90℃ 而朝向天。还有一种在朝天眼的外侧带有一个半透明的大

※ 金鱼

小泡，这种眼称为朝天泡眼；水泡眼的金鱼眼眶跟龙眼一样大，但眼球却同正常眼一样小，眼睛的外侧有一半透明的大小泡，这种眼称为水泡眼。还有一种与水泡眼相似，只是眼眶中半透明的水泡较小，在眼眶的腹部只形成一个小突起，从表面上看很像蛙的头形，所以称为蛙头，也有人称为蛤蟆头。

◎金鱼的繁殖

一般情况下，处于产卵期时的雌鱼肚子比较大，雄鱼的肚子不会有什么变化。但仔细观察就可以发现，雄鱼的前鳍方硬骨刺上有几个小白点，尤其是在产卵期较为明显，而雌鱼绝对没有。

在我国北方，金鱼的繁殖季节是 4 月底～6 月底产卵，而在南方会比北方提早一个月，在南方为 3 月～4 月间产卵。金鱼通常 1 年就可以成熟产卵，也就是说一年可以繁殖一代。如果冬季提高温度，加强饲养管理，金鱼 7～8 月龄时，在严寒的冬季也可以提前产卵，并非一定要到一年时才能产卵繁殖，金鱼在繁殖的季节里可多次产卵。

▶ 知 识 窗

·金鱼可以杂交吗？·

从理论上讲是可以的，金鱼本身就是从野生的鲫鱼选育而来的，它们在生物学意义上是同一种物种的不同品种。

但是实际上很难让金鱼和鲫鱼进行杂交，因为两者在外形和生活习性上发生了很大变化，混养在一起时，鲫鱼明显具有生理优势，很难让优势差距明显的鱼自然配对。

在理论上讲，将金鱼和鲫鱼实行人工授精能够实现繁育的成功，但是没有人会做那样的事，因为两者的后代既不会比金鱼好看，也不会有鲫鱼那样强的生活能力，两方面都不会出色。

幼小的金鱼可以用生鸡蛋搅拌之后弄碎，来喂。

拓展思考

1. 金鱼原产自哪里？
2. 你能说出多少种金鱼？

蝴蝶鱼

Hu Die Yu

蝴蝶鱼属鲈形目蝴蝶鱼科，蝴蝶鱼是150多种热带珊瑚礁中游动迅速的小型海水鱼的统称。这类鱼的身体较高，侧扁且薄；一个背鳍；口小，齿毛刷状。两腭有时延展为相当长的吻部。体型都比较小，长度很少超过20厘米。由于蝴蝶鱼的游动姿态很像蝴蝶，色彩极为鲜艳，所以又被称为蝴蝶鱼。

蝴蝶鱼以黑和黄色调为主，花纹一般为暗带及一个或多个大斑。蝴蝶鱼有150多种，包括四眼蝴蝶鱼，为西印度群岛常见种，近尾有一具白环的黑眼状斑；斑鳍蝴蝶鱼，为西大西洋种，鳍黄色，背鳍基有一黑斑；马夫鱼，印度洋－太平洋种，具黑白二色条纹，背鳍有一极长鳍棘。骨舌总目齿蝶鱼科的齿蝶鱼也叫蝴蝶鱼，为淡水蝴蝶鱼，仅产于西非热带。胸鳍扩展如翅。水位下降时，鳔可有呼吸器官的作用。

蝴蝶鱼主要分布于太平洋、东非至日本等海域，蝴蝶鱼有着五彩缤纷的图案，大部分分布在热带地区的珊瑚礁上。由于蝴蝶鱼的体色艳丽，深

※ 蝴蝶鱼

受人们的喜欢，在沿海各地的水族馆中被大量饲养。

◎体态特征

蝴蝶鱼的身体侧扁而高，呈菱形或者近于卵圆形。最长是蝴蝶鱼大概长为 3 厘米，例如：细纹蝴蝶鱼。它的口小，两颌齿细长，尖锐，刚毛状或刷毛状；腭骨无齿。蝴蝶鱼嘴的形状非常适宜伸进珊瑚洞穴去捕捉无脊椎动物。蝴蝶鱼的鳃盖膜与鳃峡相连，后颞骨固连于颅骨。蝴蝶鱼的侧线不完全或者是不延至尾鳍基，无鳞鞘。

◎生活习性

蝴蝶鱼属于大洋暖水性共栖生活的珍奇小型鱼类，是近海暖水性小型珊瑚礁鱼类，身体侧扁，适合在珊瑚礁中来回穿梭。蝴蝶鱼艳丽的体色可以随着周围环境的改变而改变。在复杂的海洋生活中，蝴蝶鱼变色与伪装的目的就是为了使自己的体色与周围的环境相似，为自己赢得一席生存之地。

◎繁殖习性

蝴蝶鱼的鱼体较小，这是由于它们受到生活方式的制约。蝴蝶鱼长度范围 140～300 毫米左右。以现有蝴蝶鱼雌雄成对地共栖息于同一宿主体内的现象，配偶双双同居一寓，利于繁殖后代。蝴蝶鱼产浮性卵，长圆形，有油球。

通常情况下，蝴蝶鱼产卵于沿岸浅水水底，早期孕育需要经历两个阶段，浮游生活阶段和营底栖生活阶段。蝴蝶鱼的浮游生活阶段比较特殊，在背鳍的前方有一丝状或羽状附属物是蝴蝶鱼的主要特征，早期发育过程中的这一阶段，在鱼类当中，蝴蝶鱼是唯一的例子。

蝴蝶鱼可以很奇妙地把自己伪装起来，它常把自己真正的眼睛藏在穿过头部的黑色条纹之中，而在尾柄处或者是背鳍后留有一个非常醒目的"伪眼"，这只"眼睛"通常会使捕食者误认为是其头部而受到迷惑。当敌害向其"伪眼"袭击时，蝴蝶鱼剑鳍疾摆，迅速地逃离。

蝴蝶鱼对爱情忠贞专一，大部分都成双入对，好似陆生鸳鸯，它们成双成对在珊瑚礁中游弋、戏耍，总是形影不离。当一尾进行摄食时，另一尾就在其周围警戒。

◎分布地区

全世界的蝴蝶鱼有 6 属 30 余种，主要分布于印度洋、太平洋及大西洋较暖水域中，北大西洋有少量，少量分布于新几内亚的淡水中，中国台湾海域、西沙群岛海域均有分布。

▶ 知 识 窗

·蝴蝶鱼的分类·

蝴蝶鱼主要分布为是以下几种类别，主要包括：三角蝴蝶鱼、细纹蝴蝶鱼、还有就是朴蝴蝶鱼、镜蝴蝶鱼等等。

拓展思考

1. 你知道蝴蝶鱼因何得名吗？
2. 蝴蝶鱼的生活习性你知道多少？

青少年应该知道的动物百科知识

鸟

类 动 物

第二章

　　一般所说的鸟类是体表有羽毛、卵生的动物，有很高的新陈代谢速率，长骨大多数是中空的，因此大部分的鸟类都可以飞翔。最早的鸟类大约出现在 1.5 亿年前。它们的身体呈纺锤形、前肢特化为翼，体表有羽毛，体温恒定，肌胸发达，骨骼愈合、薄、中空，脑比较发达。有气囊可以进行双重呼吸，没有膀胱则可以减少身体质量，这些身体特征都很适合于飞翔。

信天翁
Xin Tian Weng

有一些迷信的水手觉得如果杀死一只信天翁，必定会招致祸端。因为他们认为信天翁是那些他们曾经不幸葬身大海的同伴们的亡灵。塞缪尔泰·勒·柯勒律治的著名诗篇《古代水手的诗韵》正是叙述了在一只信天翁被枪杀后，灾难是如何降临到一艘船上的。然而，还是有许多19世纪的水手仍热衷于捕食这种鸟类来丰富一下漫漫航途中单调乏味的饮食，并将它们的脚折入烟袋中，将翅膀的骨头放进烟管里。信天翁与本目其他科鸟类的区别在于，它的管状外鼻孔的位置不是聚合在喙基顶部，而是分别在喙基部的两侧。经过近年来的调查和研究，已被承认的信天翁种类已经从原来的14种增长到现在的21种。

信天翁的身长约为90～95厘米，全身白色，头顶、枕沾橙黄色，翅、肩和尾灰褐色，内侧翼上覆羽白色。外形似海鸥。头大；嘴长而强，由许多角质片覆盖，上嘴先端屈曲向下；鼻成管状；颈短；体躯粗壮结实；尾

※ 信天翁

短；信天翁的翅翅膀狭长而宽大，可达 55 厘米以上，它们的身重约为 7 ～8 千克。

◎生活习性

信天翁一般喜欢在夜间出行，善于飞翔、游泳，能够在陆地上行走。海面上休息，繁殖期在岸边、岛屿等陆地隐蔽处。肉食性，以鱼类、软体动物等为食。它们不能在空中飞翔时捕获猎物，也不能浅入水下捕食，觅食活动都是在水面上进行。由于受生活环境的影响，信天翁的警觉性都比较高，你经常会看见它们只是单个或成对的出行活动，但是它们安静得有些诡异。

信天翁喜欢跟着水上船只吃一些人类从船上扔下的废弃物，不难看出它们是食腐动物。它们的饮食范围很广，但经过对它们胃内成分的详细分析，发现鱼、乌贼、甲壳类构成了信天翁最主要的食物来源。它们主要在海面上猎捕这些食物，但偶尔也会像鲣鸟一样钻入水中，灰头信天翁一般可以潜水深度达 6 米，还有可以潜水更深的灰背信天翁，它们最深可潜达 12 米深。

因为夜间时会有很多的海洋有机物浮到水面上来，所以信天翁有时会在晚上出来觅食。有关信天翁白天和夜间觅食的比例问题，人们通过劝服它们吞下一个传感器的办法便可以获得详细信息。传感器位于胃中，当信天翁把一条从寒冷的南大洋水域中捕获的鱼吞进肚子时，体内温度会立刻降低，传感器便将此记录下来。信天翁的食物摄入成分比例因种类的不同而不同，而这又影响到它们的繁殖。

◎生长繁殖

信天翁的繁殖期为大概 10～12 月，它们喜欢在岸边、岛屿的岩石上营巢，巢非常简陋，主要是利用在地面上的湿地，用枯草、苔藓和泥土筑成。信天游每窝只产 1 枚卵，孵化期为两个半月到三个月。

幼鸟的成长需要亲鸟反刍出来的食物精心地养育，幼鸟出生时身上都披着淡淡的绒毛，绒毛脱掉后成为长着一层蜷曲浓毛的幼鸟。待到幼鸟全身开始变为白色的时候，亲鸟就飞去，只留下幼鸟们依靠消耗体内储存的脂肪过冬。约经过 9 个多月以后，幼鸟就可以独立到大海上空生活。它们 9～12 年后就会性成熟。

信天翁的寿命大约为 40～60 年，它们可以在海上飞 5 年之后才回到它出生的岛屿陆地。配对为终身制，一般在 6 岁时开始。每年在 10 月底回到同一个地方见面，以沙、灌木枝和火山岩筑巢。一对只下一个蛋，父母轮流孵蛋，约 65 天孵出。一般到 5 月底 6 月初，小鸟几乎可以独立的时候，小鸟的爸爸妈妈会抛弃鸟巢和它们的宝宝，让它们自己练习飞翔和捕食。

信天翁的平均年龄可以到达 30 岁左右，同其他鸟类的寿命相比，算是寿命相当长的鸟类之一，但它们繁殖较晚。虽然 3～4 岁时生理上就具备了繁殖能力，但实际上它们在之后的数年里并不开始繁殖，有些甚至直到 15 岁才开始繁殖。刚发育成熟后，幼鸟会在繁殖季节临近结束时出现在繁殖地，但时间很短；此后的相当一段时间里它们会花大部分的时间会寻找自己的另一半。当一对配偶关系确立下来后，通常就会一直生活在一起，直到一方死亡。"离婚"只发生在数次繁殖失败后，并且代价很大，因为它们接下来几年内都不会繁殖，直至找到新的配偶。而事实上，对于漂泊信天翁来说，就算再找到新的伴侣也会永久性降低它们的生殖成功率。

大部分信天翁都会群居营巢，甚至会有数以万计成双入对的信天翁群居在一起，绝对称得上是蔚为壮观，只有 Phoebetria 属的两个种类主要在悬崖的岩脊上单独营巢。有几个种类的巢为一个堆，由泥土和植物性巢材筑成，非常大，成鸟爬上去都有困难。而热带的信天翁较少筑巢；加岛信天翁则根本不筑巢，它们把卵放置在足部四处游荡。一般到了繁殖期，雄鸟会先来到群居地，等待雌鸟的到来。

信天翁的孵卵任务和鸵鸟一样是要双方共同承担完成的，不过信天翁一般是几天轮换一次。一般较小种类信天翁的孵化期约为 65 天，而皇信天翁约为 79 天。对于刚孵化的雏鸟，亲鸟开始时主要是喂育，后来则主要是看护。在出生 20 天后，看护期结束，接下来成鸟只是定期回到陆地给雏鸟喂食。黑脚信天翁的雏鸟白天常常会在离巢 30 米的周围寻找阴凉处踱步，但只要亲鸟带着食物一到，它们就立即冲回巢中享用父母的恩惠。而信天翁的成鸟则需要花很长的时间用以来辨认自己的雏鸟，雏鸟将会从它们的父母那里得到未消化的食物和已消化了的猎物所产生的油。

有些种类的亲鸟如漂泊信天翁会在育雏期间，彼此轮流到遥远的捕食区域去觅食，短的需要 1～3 天，长的情况下需要 5 天以上。而漂泊信天翁更是令人敬佩，雄鸟往往会比雌鸟飞到更远的南方去寻找食物，因此也就要面对更寒冷的海水和暴风雨更多的恶劣天气。故漂泊信天翁的雄鸟的翼负载无一例外地具有比雌鸟更高。

一般黑眉信天翁和黄鼻信天翁的飞羽长齐大约需要 120 天左右，而漂泊信天翁大约 278 天。所以一般漂泊信天翁的留巢期是最长的，包括孵化期在内长达 356 天，也就意味着漂泊信天翁只能隔年繁殖，因为每次繁殖后都必然有一个换羽期。事实上，已知的包括全部的"大信天翁"种类、灰背信天翁、乌信天翁和灰头信天翁等在内的至少有9个种类的信天翁是两年繁殖一次。

曾经人们认为不繁殖的信天翁，会漫无目的地飞行在海上。然而，赋于漂泊信天翁身上的现代传感器显示情况并非如此，而似乎是个体会朝海上的某个特定区域飞去，并在那里度过大部分时光。它们一年只产一个卵，孵卵是双方分工合作的，在它们孵卵的75～82天里，雌鸟的任务就是孵卵，而雄鸟则负责在巢外做警卫。

◎分布地区

南极洲、南美洲、非洲及澳大利亚南端的信天翁的分布与当地的海洋带受风影响有关。个体和种类数目最多的信天翁大多集中在南纬45°～70°，但它们也在南半球的温带水域繁殖，同时少数种类的分布区域进入了北太平洋。加拉帕哥斯群岛和厄瓜多尔外海的拉普拉塔岛上的加岛信天翁在气候受寒流洪堡洋流的影响的赤道处繁殖。而亚洲的短尾信天翁、西北太平洋的黑脚信天翁和夏威夷群岛的黑背信天翁均在北太平洋繁殖。如今，北大西洋没有信天翁繁殖，尽管在180万年至1万年前的更新世曾有，也尽管人们知道那些误入北大西洋的信天翁中有少数已存活了数十年。可能是因为更新世后大量没有信天翁扩散，所以现在的北大西洋依然没有信天翁的种群。

▶知识窗

信天翁的飞翔能力之所以那么有名，是因为它们几乎能够不拍一下翅膀的跟随船只滑翔数小时。它们为减少滑翔时肌肉的耗能而体现出来的适应性之一是有一片特殊的肌腱将伸展的翅膀固定位置。其二是翅膀的长度惊人，较之鹱形目的其他科的鸟类，信天翁的前臂骨骼与指骨相比显得特别长，信天翁的翅膀上附有的25～34枚次级飞羽，比海燕多出15～24枚。于是，信天翁的翅膀如同是极为高效的机翼，使它们能够迅速向前滑翔，而下沉的几率很低。信天翁这种对快速、长距离飞行的适应性，使得它们可以从其所在海岛上起飞，在浩瀚的汪洋上来去自如。

| 拓展思考 |

1. 你能说出信天翁的基本特征码？
2. 信天翁都分布在哪里？

鹈鹕

Ti Hu

鹈鹕俗称塘鹅，鹈形目鹈鹕科鹈鹕属 8 种水禽的统称，特征为大而具有弹性的喉囊。白鹈鹕的体形比卷羽鹈鹕小，体形粗短肥胖，颈部细长。栖息于全世界许多地区的湖泊、河流和海滨。体长为 140～175 厘米，翅展可达 3 米，体重可达 13 千克，是现存鸟类中个体最大者之一。鹈鹕用像小捞网似的大喉囊捕鱼而食。鹈鹕不是用喉囊储存鱼，而是立即把鱼吞下。褐鹈鹕从空中扑入水中捕鱼，动作十分壮观。但其他鹈鹕编成队形而游泳，将小鱼群驱向浅水处，在该处用喉囊。白鹈鹕主要栖息于湖泊、江河、沿海和沼泽地带。

※ 鹈鹕

◎地区分布

鹈鹕是一种大型的游禽，在世界上共有 8 种，大多分布在欧洲、亚洲、非洲等地。我国的鹈鹕共有 2 种，分别为：斑嘴鹈鹕和白鹈鹕。斑嘴鹈鹕，鸟如其名，在它的嘴上布满了蓝色的斑点，头上被覆粉红色的羽冠，上身为灰褐色，下身为白色。最常见的鹈鹕是两种鹈鹕，一种是产于北的新大陆白鹈鹕，一种是产于欧洲的旧大陆鹈鹕。褐鹈鹕体型比白鹈鹕小一些，体长大约 107～137 厘米。它们在大西洋和太平洋的热带和亚热带海岸线上繁殖。原先曾分布于新大陆的海岸线上。由于大量灭虫剂的使用等原因，1940～1970 年期间，褐鹈鹕的数量呈大幅减少趋势，处于濒危状态。后来禁止使用 DDT 以后，褐鹈鹕的数量有所增加，但仍属保护动物。

◎鹈鹕生活习性

鹈鹕在野外通常情况下成群生活，除了游泳外，每天大部分时间都是在岸上晒晒太阳或耐心地梳洗羽毛。鹈鹕的眼睛敏锐，擅长飞翔和游水。飞行时头部向后缩，颈部弯曲靠在背部，脚向后伸，两翅鼓动缓慢而有力，也能像鹰一样在空中利用上升的热气流来回翱翔和滑翔，但通常没有鹰飞的高。在水中游泳时，颈常曲成"S"形，并不时地发出粗哑的叫声。它主要以鱼类为食，觅食的时候通常情况下会从高空直扎入水中。一般不会发出声响，但能发出带喉音的咕哝声。即使在高空飞翔时，漫游在水中的鱼儿也逃不过它们的眼睛。如果成群的鹈鹕发现鱼群，它们便会排成直线或半圆形进行包抄，把鱼群赶向河岸水浅的地方，这时张开大嘴，凫水前进，连鱼带水都成了它的囊中之物，再闭上嘴巴，收缩喉囊把水挤出来，鲜美的鱼儿便吞入腹中，美餐一顿。鹈鹕有一张又长又大的嘴巴。嘴巴下面还有一个大大的喉囊。成年鹈鹕的嘴巴都能长到 40 厘米。巨大的嘴巴和喉囊使鹈鹕显得头重脚轻。鹈鹕在陆地上走路时总是摇摇摆摆、步履蹒跚。这是因为鹈鹕的大嘴很碍事。尤其是当它捕到猎物的时候，大嘴和喉囊里装满了海水，这使得它浮出水面的时候非常困难。人们见到鹈鹕浮出水面的时候，总是尾巴先露出水面，然后才是身子和大嘴。而且，鹈鹕一定要把嘴中的海水吐出来，才能从水面起飞。

◎繁殖与育雏

鹈鹕的求偶和育雏方法特别有趣，鹈鹕通常一大群在一起繁殖。雄鹈鹕向雌鹈鹕求爱的时候，在空中跳着"8"字舞，雄鸟在接近配偶时，常常挥翼起舞，并且不断用嘴厮磨和梳理抚弄雌鸟羽毛，以讨得伴侣的欢心，蹲伏在占有的领地上，嘴巴上下相互撞击，发出急促的响声，脑袋以奇特的方式不停地摇晃，希望在众多的"候选人"中得到雌性对自己的垂青。从此，便开始过俪影双双的共宿同飞的生活了。全世界大约有7～8种鹈鹕。栖息在全球许多地区的江河湖泊和海边。有些种类的鹈鹕体长可达180厘米，翼展长度可达3米，体重13千克，是现存鸟类中体型最大的鸟类之一。每到了繁殖季节，鹈鹕便选择人烟稀少的树林，在一棵高大的树木下用树枝和杂草在上面筑成巢穴。鹈鹕通常每窝产3枚卵，卵为白色，大小如同鹅蛋。小鹈鹕的孵化和育雏任务，由父母共同承。当小鹈鹕孵化出来后，鹈鹕父母将自己半消化的食物吐在巢穴里，供小鹈鹕食用。小鹈鹕再长大一点时，父母就将自己的大嘴张开，让小鹈鹕将脑袋伸它们的入喉囊中，取食食物。

一般情况下，鹈鹕都会成群结队在岛屿繁殖，在一个岛上可能有许多小群鹈鹕。结群的北美白鹈鹕繁殖于北美中北部和西部湖泊中的岛上。任何时期、任何种群中的成对鹈鹕都处于繁殖周期的同一阶段。就如某些其他种一样，北美的鹈鹕有迁徙习性。褐鹈鹕繁殖于大西洋和太平洋沿岸的热带和亚热带海滨。

◎鹈鹕分类

卷羽鹈鹕是分布在欧洲东南部至中国沼泽及浅水湖的一种鹈鹕，卷羽鹈鹕现存中未有亚种。卷羽鹈鹕是最大的鹈鹕，长1.7米，重11～15千克，翼展超过3米。以平均计，它们是最重的飞行动物。它们与白鹈鹕不同的是其颈上羽毛是卷曲的、脚呈灰色及羽毛呈灰色的。它们的下颌在繁殖季节是红色的。雏鸟是灰色的，不像白鹈鹕般面部有粉红色的斑点。

斑嘴鹈鹕为鹈鹕科鹈鹕属的鸟类，俗名花嘴鹈鹕、塘鹅、犁鹕、逃河、淘河、淘鹅。繁殖在中亚地带及欧亚洲南部以及中国大陆的河北以南的东部地区、偶见于新疆、云南、繁殖在东南部等地，一般栖息于热带和亚热带的河川、湖泊等处。该物种的模式产地在菲律宾的马尼拉。

澳洲鹈鹕是一种大型涉禽，分布在澳洲及新几内亚、也有在斐济、印尼及新西兰。澳洲鹈鹕在鹈鹕中算中等身型：长1.6～1.8米，翼展2.3～2.5米，重4～13千克。它们主要呈白色，双翼的主羽呈黑色。喙呈淡粉红色，在鸟类中是最大的，可以长达49厘米。

白鹈鹕也叫东方白鹈鹕或大白鹈鹕，是一种大型鹈鹕。产于欧洲到亚洲以及非洲的沼泽地和浅湖区，在中国见于新疆的天山西部、准噶尔盆地西部和南部水域、塔里木河流域，青海湖。白鹈鹕在欧洲东南地区繁殖，越冬在亚洲西南部以至非洲。

褐鹈鹕是最细小的鹈鹕，它们长 106～137 厘米，重 2.75～5.5 千克，翼展 1.83～2.5 米。褐鹈鹕是特克斯和凯科斯群岛的国鸟，也是美国路易斯安那州的州鸟。

▶知识窗

　　鹈鹕的捕食方式非常奇特。从山崖上起飞后，鹈鹕在距海面不远的空中向海里侦察。一旦发现猎物，鹈鹕就收拢宽大的翅膀，从 15 米高的空中像炮弹一样直射进水里抓捕猎物。巨大的击水声在几百米以外都能听得清清楚楚。鹈鹕是鸟类中体魄强壮的一族。成年的鹈鹕身体约 1.7 米。展开的翅膀有 2 米多宽。它的翅膀强壮有力，能够把庞大的身躯轻易送上天空。鹈鹕是一种喜爱群居的鸟类。它们喜欢成群结队地活动。每当鹈鹕集体捕鱼的时候，在海面上人们可以看到鹈鹕此起彼伏、从空中跳水的壮观场面。

拓展思考

1. 鹈鹕分布在我国哪里？
2. 鹈鹕求偶方式有什么特别？

军舰鸟

Jun Jian Niao

属鹈形目的军舰鸟科有 5 种大型海鸟，它们的大小和母鸡差不多，具极细长的翅及长而深的叉形尾，翅展长约可达 2.3 米。一般雄性成鸟的体羽全黑，雌性成鸟的下部则为明显白色。两性皆具一个裸露皮肤的喉囊，求偶的雄鸟为了展示其喉囊会呈鲜红色，并鼓起如人头般大。其他明显特征包括没有什么帮助的 4 趾、具蹼的极小的脚，以及用以攻击敌人，并抢夺其食物的特长钩状嘴。

军舰鸟似乎是除了雨燕之外所有鸟类中最善于飞翔的一种了，只有睡眠和抱卵时才停止飞行。成鸟因为没有足够的羽毛油防水，所以不喜欢降在水面；但在空中身手却无比地快与灵巧，可毫不费力地高翔，并常俯冲寻回飞行中受惊的鲣鸟或其他海鸟掉落的鱼，亦能低驰于水面攫鱼。鹈形目军舰鸟体长约为 75～112 厘米，翅展约为 176～230 厘米长而强，嘴长

※ 军舰鸟

而尖的弯成钩状，尾呈深叉状，短弱的脚几乎无蹼，一般雌鸟大于雄鸟。

军舰鸟的全身羽毛以黑色为主，带有蓝色或绿色的光泽。雌鸟的下颈、胸部为白色，羽毛缺少光泽。军舰鸟胸肌发达，善于飞翔，素有"飞行冠军"之称。军舰鸟是世界上飞行最快的鸟，它们的两翅展开足有 2～5 米之长，捕食时的飞行时速可达每小时 400 千米左右。它们的飞行高度不但能达到约 1200 米，而且还能不停地飞行大约 1600 多千米，最远的可达 4000 千米左右。

◎生活环境

军舰鸟遍布在全世界的热带和亚热带海滨和岛屿，由于必须回陆地宿夜，故在海上通常与陆地保持 160 千米以内的距离。在岛上群集繁殖，双亲共同抱卵，每窝只产 1 枚白色卵。巨军舰鸟是最大的一种，体长约 115 厘米，见于美洲东西两岸、加勒比海和非洲的维德角。大军舰鸟与小军舰鸟则繁殖于世界各岛屿。

◎分布范围

军舰鸟是一种属于鹈形目，在世界各大热带，亚热带海洋均有分布的大型的热带海鸟，有时温带水域也可以见到，军舰鸟科鸟类的统称。

全世界目前已知的军舰鸟有 5 种，主要生活在南太平洋、印度洋的热带地区、大西洋，我国的军舰鸟作为分布在广东、福建沿海以及西沙、南沙群岛。

◎生活习性

以飞鱼、软体动物和水母为主要食物的军舰鸟一般栖息在海岸边树林中，它白天常在海面上巡飞遨游，窥伺等候水中食物。一旦发现海面有鱼出现，就迅速从天而降，准确无误地抓获水中的猎物。有意思的是，军舰鸟很多时候懒得亲自动手捕捉食物，而是凭着高超的飞行技能，拦路抢劫其他海鸟的捕获物。比如它们经常在它们的邻居红脚鲣鸟捕食而归时，便对它们突然发起空袭，迫使红脚鲣鸟放弃口中的鱼虾，然后以自己的急速俯冲优势，攫取下坠的鱼虾，占为己有。人们之所以称军舰鸟为"强盗鸟"，就是因为它们的这种打劫行为。

军舰鸟同时也是食腐鸟和一般的食肉鸟，这是因为它们会经常陆地上生活，所以它们会捕捉小海龟和其他小鸟。它们还很讲卫生，每次吃完东西，都会降落在海面上清洗一下。雄军舰鸟繁殖期间，它的喉囊会变成鲜艳的绯红色，并且膨胀起来。雌鸟产下一枚蛋后，雄鸟的喉囊才慢慢瘪下去，颜色也变回暗红色。雌雄鸟一同筑巢，雌鸟负责搜集大多数细枝，雄鸟则把细枝铺成一个台。雄鸟的工作不仅是筑巢、觅食那么简单，还要和雌鸟轮换着花 20 天左右孵自己的后代。经过大约 45 天左右的孵卵期，雏鸟终于破壳而出。它们全身裸露，细眼紧闭，仅能从父母嘴中啄取食物充饥，小军舰鸟一般 6 个月大的时候就能展翅扑飞，但是它们等到一岁之后才能独自生活，所以 1 岁之前还是需要靠父母的喂养生活。

以飞鱼为主要食物的军舰鸟，多在与燕鸥、鲣鸟等鸟类的巢区接近的灌丛或树上筑巢，这样方便它们劫掠其他海鸟的捕获物。繁殖期间喉囊特别发达，在求偶时，雄鸟极力膨胀红色喉囊，摇摆身躯，拍打双翅，向雌鸟炫耀。每窝只产 1 卵，卵为白色，重 72～90 克，孵化期 45～50 天。雏鸟为晚成性，成鸟一般会留巢 4～5 个月共同哺食自己的宝宝。

▶ 知 识 窗

中国有小军舰鸟、白腹军舰鸟、白斑军舰鸟 3 种军舰鸟，小军舰鸟是我国境内 3 种鸟中分布最广泛的军舰鸟，成鸟全为黑色，两翅有褐色斑带。夏季遍布广东、福建沿海及西沙群岛。小军舰鸟翻译自拉丁文，其实体型并不小，其英文名意为大军舰鸟。其实真正的大军舰鸟并不出现于我国，繁殖于大西洋中的阿森松岛，游荡于热带大西洋。白腹军舰鸟属漂泊鸟，大小与小军舰鸟相似，雄性成鸟体羽大都黑色，但是腹部是白色。雌性喉黑腹白。一般出现在广东沿海岛屿。白斑军舰鸟，雄性成鸟上体黑色，头、背具蓝色光泽，下体羽表面浅褐色，前腹两侧各具 1 白斑。雌鸟体羽一般为黑色，但是后颈具栗色领环，喉部和前颈部为灰白色，胸和胸侧为淡黄白色，背上有浅紫色的光泽，翅羽上有褐色的斑块。军舰鸟吸引异性的资本是它们红色的气囊，气囊越鲜艳越能吸引异性。

| 拓展思考 |

1. 军舰鸟是怎么得名的？
2. 军舰鸟以什么为食？

翠 鸟

Cui Niao

翠鸟为佛法僧目翠鸟科的1属，翠鸟分布区域广泛，大部分翠鸟分布在旧大陆和澳大利亚，"翠鸟"既可指单一的翠鸟科，又可指包含有翠鸟科、翡翠科和鱼狗科三科的翠鸟亚目。翠鸟大约有90种，其共同的特点是：自额至枕蓝黑色，密杂以翠蓝横斑，背部辉翠蓝色，腹部栗棕色；头顶有浅色横斑；嘴和脚均赤红色，从远处看很像啄木鸟。因背和面部的羽毛翠蓝发亮，因而通称翠鸟。绝大多数种类分布在热带地区，极少数种类只能在森林里发现。它们的猎物种类繁多，通常会从栖木上猛扑以捕捉鱼类。

※ 翠鸟

◎分布地区

该科总共有物种18属94种307个亚种，我国有5属11种。可分为翠鸟亚科、鱼狗亚科和翡翠亚科（笑翠鸟亚科）三个亚科，分布遍及世界各地，翠鸟有三个主要的分布区，分别是亚太地区、非洲和美洲。在翠鸟的三个分布区中，亚太地区是翠鸟的最大聚居地，其种类远比其他地方的总和还要多，而又以新几内亚岛及附近岛屿为核心的东南亚和大洋洲的各个岛屿上具有最高的多样性，这是因为在这些不同岛屿的相对隔绝的环境中演化出了不同的种类，同时一些分布广泛的种类在这些地方也演化出了不同的亚种。除了种类繁多之外，亚太地区的翠鸟在形态、习性等方面也具有最高的多样性。翠鸟的栖息地是多种多样的，包括森林特别是热带雨林、稀树草原、淡水水域、海湾地带、特别是红树林地区。

◎生活习性

一般情况下，翠鸟都会单独行动，平时它们会独栖在近水边的树枝上或岩石上，等待猎物，食物以小鱼为主，也会吃甲壳类和多种水生昆虫及其幼虫，偶尔啄食小型蛙类和少量水生植物。常直挺地停息在近水的低枝和芦苇上，也常常停息在岩石上，伺机捕食鱼虾等，因而又有鱼虎、鱼狗之称。并且在翠鸟扎入水中后，还能保持极佳水中捕鱼的视力，这是因为它的眼睛进入水中后，能迅速调整水中因为光线造成的视角反差。所以翠鸟的捕鱼本领几乎是百发百中。

翠鸟有林栖和水栖两大类型。林栖类翠鸟远离水域，以昆虫为主食。水栖的一类主要生活在各地的淡水域中，喜在池塘、沼泽、溪边生活觅食，食物以鱼虾昆虫为主。常常静栖于水中蓬叶上，水边岩石上的树枝上。眼睛死盯着水面，一旦发现有食物，则以闪电式的速度直飞捕捉，而后再回到栖息地等待，有时像火箭一样在水面飞行，十分好看。

翠鸟常在水边的土崖或是堤岸的沙坡上用嘴凿穴为巢。巢室为球状，直径为 16 厘米左右，巢内铺以鱼骨和鱼鳞等物，准备养儿育女。每年春夏季节产卵，每窝产卵可达 4～5 枚。

◎翠鸟的繁殖

翠鸟可以用它的强有力的大嘴在土崖壁上穿穴做巢，也经常会把巢安在田野堤坝的隧道中，这些洞穴鸟类与啄木鸟一样，洞底一般情况下没有任何铺垫物。卵直接产在巢穴地上。每窝产卵 6～7 枚。卵色纯白，辉亮，稍具斑点，大小约 28 毫米×18 毫米，每年 1～2 窝；孵化期约 21 天，雌雄共同孵卵，但只由雌鸟喂雏。中国南方的翠鸟繁殖期为每年 4～7 月。翠鸟羽毛美丽，可供作装饰品。但嗜食鱼类，对渔业生产不利。

◎翠鸟的分类

白胸翡翠属于翠鸟科、翡翠属捕食于旷野、河流、池塘及海边。颏、喉及胸部白色，头、颈及下体徐部褐色，上背、翼及尾蓝色鲜亮如闪光，翼上复羽上部及翼端黑色。虹膜—深褐色；喙—深红；脚—红色。分布在中东、印度、中国南部、东南亚、菲律宾、安达曼斯群岛及苏门答腊。

蓝翡翠体大体长约 30 厘米的蓝色、白色及黑色翡翠鸟，以头黑为特征。翅膀上羽色为黑，上体其余为亮丽华贵的蓝色兼紫色。两胁及臀呈棕色。飞行时白色翼斑显见。虹膜为深褐色；嘴为红色；脚也是红色。尾羽较喙长，翅形短圆，头顶黑色，颈有白圈，额至上颈，喙角、颊至颈侧，以及内侧翼上覆羽等均绒黑色，此下具一小型白斑。上体辉紫蓝色，腰部更辉亮。颏和喉白色，下体其余部分均为棕黄色。

普通翠鸟体长 15 厘米左右、具亮蓝色及棕色的翠鸟，上体金属浅蓝绿色，颈侧具白色斑点，下体橙棕色，颏白。幼鸟色黯淡，具深色胸带。橘黄色条带横贯眼部及耳羽为本种区别于蓝耳翠鸟及斑头大翠鸟的识别特征。

▶ 知 识 窗

蓝翡翠已被列入国家林业局 2000 年 8 月 1 日发布的《国家保护的有益的或者有重要经济、科学研究价值的陆生野生动物名录》，生活在亚洲和非洲的南部地区，雄鸟的全身以黑色为主，脖子上有一圈宽宽的白色羽毛，尾部和翅膀上也有白色的羽毛，翅膀的下侧也是白色的。雌鸟的颜色与雄鸟十分相似，只是雌鸟脖子上的白色羽毛不是一圈，而只是胸前的一撮白毛。雌鸟还有一个显著的特征，就是它们的脖子和腿都是黑色的。斑点翠鸟也有挖洞产卵的习性，不过，它们的地洞没有束带翠鸟那么深，斑点翠鸟挖掘的地洞一般只有 30 厘米深，隧道的顶端就是雌鸟的产房。斑点翠鸟一窝可以产下 2 到 6 枚卵，孵卵和喂养幼鸟的工作由雌鸟和雄鸟共同完成。

拓展思考

1. 翠鸟的特征是什么？
2. 为什么翠鸟又称为水狗？

大雁

Da Yan

大雁属大型候鸟，又称野鹅，天鹅类，是我国的国家二级保护动物。大雁属鸟纲，鸭科，是一种形状略似家鹅的大型游禽。它们的嘴宽而厚，嘴甲比较宽阔，啮缘有较钝的栉状突起。雌雄羽色相似，多数呈淡灰褐色，有斑纹。大雁群居水边，往往千百成群，夜宿时，有雁在周围专司警戒，如果遇到袭击，就鸣叫报警。它们以嫩叶、细根、种子和农田谷物为主食。大雁每年春分在北方繁殖，秋分后飞往南方越冬。群雁飞行，排成"一"字或"人"字形，人们称之为"雁字"，因为行列整齐，人们称之为"雁阵"。大雁的飞行路线是笔直的。中国常见的有鸿雁、豆雁、白额雁等。雁队以6的倍数成形，由一些家庭或者各家庭的聚合体组成。大雁是充满热情的动物，它们会经常给同伴以鼓舞，用叫声鼓励飞行的同伴们。

一般雁属鸟类通常都会被称之为大雁，它们的共同特点是体形较大，

※ 大雁

嘴的长度和头部的长度几乎相等，上嘴的边缘有强大的齿突，嘴甲强大，占了上嘴端的全部。颈部较粗短，翅膀长而尖，尾羽一般为 16～18 枚。体羽大多为褐色、灰色或白色。全世界共有 9 种，这 9 种中我国就有 7 种，其中包括常见的鸿雁、豆雁、斑头雁、白额雁、和灰雁等，不过它们被人们统称为大雁。

它们的行动很有规律，"雁阵"由有经验的"头雁"带领，加速飞行时，队伍排成"人"字形，一旦减速，队伍又由"人"字形换成"一"字长蛇形，这是为了进行长途迁徙而采取的有效措施。一般飞在前面的"头雁"的翅膀会由于在空中划过而产生一股微弱的上升气流，可以减少后边大雁的空气阻力，排在后面的雁群就会依次利用这股气流的冲进节省体力。但"头雁"因为没有这股微弱的上升气流可资利用，很容易疲劳，所以在长途迁徙的过程中，雁群需要经常地变换队形，更换"头雁"。科学家通过大雁的这种领队的方式而受到启发，得出运动员在长跑比赛时，要紧随在领头队员的后面的结论。

大雁的迁徙大多在黄昏或者夜晚进行，旅行的途中还要经常选择湖泊等较大的水域休息，寻觅鱼、虾和水草等食物，用来补充所消耗的体力。每一次迁徙都要经过大约 1～2 个月的时间，途中历尽千辛万苦。但它们春天北去，秋天南往，从不失信。不管在何处繁殖，何处过冬，总是非常准时地南来北往。我国古代有很多诗句赞美它们，例如陆游的"雨霁鸡栖早，风高雁阵斜"，韦应物的"万里人南去，三春雁北飞"等。

◎生活习性

大雁的迁徙习性使它们注定成为出色的空中旅行家，每当秋冬季节，它们就从老家西伯利亚一带，成群结队、浩浩荡荡地飞到我国的南方过冬。第二年春天，它们经过长途旅行，回到西伯利亚产蛋繁殖。大雁的飞行速度很快，每小时能飞 68～90 千米，它们会花上一两个月的时间，飞上几千公里的漫长旅途。

在长途旅行中，雁群的队伍组织严密而有纪律，它们常常排成人字形或一字形，它们一边飞着，还不断发出"嘎、嘎"的叫声，它们会以此为信号互相照顾、呼唤、起飞和停歇等。

其实，大雁排成整齐的人字形或一字形还有利于防御敌害，算是一种集群本能的表现。雁群总是由有经验的老雁担任"队长"，飞在队伍的前面。在飞行中，带队的大雁体力消耗得很厉害，因而它常与别的大雁交换位置。幼鸟和体弱的鸟，大都插在队伍的中间。停歇在水边找食水草时，总由一只有经验的老雁担任哨兵，因为一旦有成员单飞、掉队就可能会被天敌吃掉。

▶知识窗

据分析，有些雁肉有低脂肪、低胆固醇、高蛋白的特性，我国古书《千金食治》、《本草纲目》等十多部药典中均对雁肉有详细记载：性味甘平，归经入肺、肾、肝，祛风寒，壮筋骨，益阳气。当然，我国的野生动物保护法，明令标指野生大雁是禁止捕食的。据了解，目前国内真正能飞又能吃的大雁只有向海大雁。大雁的羽绒保暖性好，一般比较硬的羽毛可用来加工成扇子、工艺品等，而轻软的羽毛可作我们日常的枕、垫、服装、被褥等填充材料。

拓展思考

1. 雁阵为什么要摆成一定的形状？
2. 雁阵一般由多少只大雁组成？

青少年应该知道的动物百科知识

鸬鹚

Lu Ci

鸬鹚也叫做鱼鹰、水老鸦。羽毛黑色，有绿色光泽，颌下有小喉囊，嘴长，上嘴尖端有钩，善潜水捕食鱼类。渔人经常会驯养鸬鹚，用它来捕鱼。普通鸬鹚主要生活在旧大陆和北美洲东海岸，一般在悬崖上或树上作窝，但是越来越多地也在内陆生活。在海草和嫩枝搭成的窝里一次下3至4枚蛋。体长90厘米，有偏黑色闪光，嘴厚重，脸颊及喉白色。繁殖期颈及头饰以白色丝状羽，两胁具白色斑块。幼鸟身体颜色是深褐色，下体污白。虹膜为蓝色，喙为黑色，下嘴基裸露皮肤黄色，脚为黑色。

※ 鸬鹚

◎生活习性

鸬鹚一般生活在河流、湖泊、水库、海湾，快速潜泳在水中用尖端带钩的嘴捕捉鱼类，以鱼类为食。鸬鹚身长在 80 厘米左右，体重大约 1700～2700 克。为候鸟。鸬鹚善于潜水，能在水中以长而钩的嘴捕鱼。野生鸬鹚平时栖息在河川和湖沼中，也经常会低飞，掠过水面。单独或结群在水中捕鱼。趾间有蹼相连，善于游泳和潜水。鸬鹚是鸟类中非常棒的潜水明星。主要食鱼类和甲壳类动物为食。鸬鹚在捕猎的时候，脑袋扎在水里追踪猎物。鸬鹚的翅膀已经进化到可以帮助划水。所以，鸬鹚在海草丛生的水域主要用脚蹼游水，在清澈的水域或是沙底的水域，鸬鹚就脚蹼和翅膀并用。在能见度低的水里面，鸬鹚往往采用偷偷靠近猎物的方式到达猎物身边时，突然伸长脖子用嘴发出致命一击。这样，不管多么灵活的猎物也绝难逃脱。在昏暗的水下，鸬鹚一般情况下是看不清猎物的。所以，它只有借助敏锐的听觉才能百发百中。鸬鹚捕到猎物后一定要浮出水面吞咽。所以，在我国南方和印度的江河湖海中能见到渔民们驯养的鸬鹚在帮助渔民们捕鱼。渔民们放出鸬鹚之前，先在鸬鹚的脖子上套上一个皮圈，这样，就可以防止鸬鹚将捕获的猎物吞下肚子。鸬鹚捕到鱼后跳到渔民的船上，在渔民的帮助下将嘴里的鱼吐出来。鸬鹚非常能吃，一昼夜它要吃掉 1.5 千克重的鱼。一条 35 厘米长，半斤重的鱼它能一口吞下。鸬鹚广泛分布与亚欧大陆及非洲大陆的江河湖海中。人们常见的是江河中的普通鸬鹚。其实，鸬鹚的种类也很丰富。它们虽然都属于鸬鹚，但是相貌和习性各有特色。生活在加拉帕哥斯群岛上的加拉帕哥斯鸬鹚和广泛分布在亚洲和非洲的大鸬鹚都是十分有特色的品种。

◎鸬鹚的繁殖

鸬鹚一般在湖泊中砾石小岛或沿海岛屿上繁殖，鸬鹚在人工驯养条件下能正常产卵，每年初夏进入繁殖期的时候，每只雌鸟可产卵 6～20 枚，其繁殖生态与家鹅相似。每当繁殖季节，到临近水域的悬崖峭壁上、大树上或沼泽地的矮树上、芦苇中以树枝或海藻营巢。每窝卵 2～5 枚，卵白色而具蓝或浅绿光泽，孵化期 28 天，雏鸟为晚成性。

◎人工驯养

普通的鸬鹚因为捕鱼本领高超，所以自古就被人们驯养用来捕鱼。在云南、广西、湖南等地，至今仍然有人驯养鸬鹚捕鱼。人工驯养环境中的鸬鹚，除每天定时入水捕鱼外，喜栖于朝阳通风的环境中休息。鸬鹚适应于在不结冰的环境温度中生活。饲料以小鱼、黄鳝及猪肠为主食，每只每天饲料量 800～1500 克。换羽期适当增喂豆类食品，如豆腐等，每只每天300～400 克。每天下午喂食 1 次，食后多立于栖架上休息。饱食后的鸬鹚不宜运动和使役捕鱼。当鸬鹚幼雏 60 日龄左右，就可让其下水。100日龄后逐渐让其跟随成年鸬鹚学习捕鱼。150 日龄后就可逐渐进行正常捕鱼。驯养鸬鹚捕鱼，多掌握在每天上午空腹时，每次入水捕捉 40～60 分钟，捕后立于船上休息 40～60 分钟后再次入水捕鱼。一般每天可 3 次入水捕鱼 120～180 分钟，鸬鹚入水捕鱼时多咬头部或鳃部。通常每次独自捕捉的活鱼体重 500 克左右，最大时也能独自捕到重达 5000 克的活鱼。超过 5000 克的鱼，也能捕到。但需几只或十几只的鸬鹚共同合作，以及驯养人协作方可完成捕获任务。据有关资料，曾有一群十数只鸬鹚合力捕捉到体重 15 千克以上的大型鳡鱼。根据的渔民经验，雄性鸬鹚体型比雌性鸬鹚略大，其捕鱼能力也优于雌性鸬鹚。训练捕鱼时，需用莎草、藁草或别的草茎做成的圈环（也有用特制铜环的）套上鸬鹚颈上，使其只能吞下小鱼，不能吞下比较大的鱼。当鸬鹚每次捕到大鱼时，取下鱼后应喂上1 条小鱼以资鼓励，使其多下水捕鱼。开始训练也可先用很多的绳子缚在鸬鹚的脚上，绳的另一端缚在河港的岸边，叫鸬鹚入水捉鱼，假如捉到了鱼，训练的人嘴里就会发出特别的叫声，将鸬鹚叫回岸上来，再用小鱼喂给它吃。吃过以后，再赶到水里去，叫它去捕鱼。这样天天训练，大约经过一个月，便可用一只小船，让鸬鹚站在两边船舷上，再把船摇到一定的地方，然后把它赶下水去捉鱼。这样训练一个多月，就可以完全驯服，听渔人指挥。

◎鸬鹚分类

斑头鸬鹚为候鸟，是我国沿海鸟类。繁殖于太平洋东海岸北部和邻近海岛，包括我中的东北南部旅顺，河北，山东烟台、威海市、青岛旅鸟或夏候鸟，冬时向南迁至浙江，福建，台湾，云南等地。栖息于温带海洋沿岸和附近岛屿及海面上，迁徙和越冬时也见于河口及邻近的内陆湖泊。

海鸬鹚为鸬鹚科鸬鹚属的鸟类，俗名乌鹚。分布于太平洋北部及西伯利亚东部沿海一带，包括堪察加半岛。为海鸟，活动于隐蔽沿岸的海水海湾及河口、亦在宽阔的大海中以及营巢于海边峭壁或岩穴间。该物种的模式产地在西伯利亚东部堪察加半岛。

红脸鸬鹚俗名鸬鹚，全长约 760 毫米。全身黑色，具绿色光泽。头顶和后头各具冠羽，额和眼周红色。下体体侧具白色斑块（冬羽头无冠羽，下体体侧无白色斑块）。栖息于海岸、海滩、河口三角地带及其他水域。集群活动和繁殖，食物全为鱼类。5～9月为繁殖期，筑巢于崖壁或石岛上，巢大而密集，每窝产卵2～5枚。红脸鸬鹚为居留型鸟类，部分种群作小距离迁徙。我国仅见于辽东半岛大连湾和台湾沿海，数量极为稀少。

黑颈鸬鹚为鸬鹚科鸬鹚属的鸟类，俗名小鸬鹚。分布于自加里曼丹、爪哇岛、印度、孟加拉国、中南半岛以及中国大陆的云南等地，多生活于低地的淡水区、包括湖泊、池塘、江河、沼泽地及稻田等以及亦见于沿海地带及河口、红树林间，该物种的模式产地在孟加拉国。

知识窗

鸬鹚捕鱼是我国传承千年的古老技艺，这项技艺在江西省著名的风景名胜区龙虎山中的渔民中世代相传着。一叶扁舟出没于龙虎山的丹山碧水之中，矫健的鱼鹰、迅捷的鱼儿、黝黑的渔夫、碧绿的江水、两岸的群山，构成了一幅完美动人的和谐画卷。龙虎山的鸬鹚捕鱼具有自己独特的历史传承，这项工作需要勇气、技艺、人与鹰的无间合作，是龙虎山野性、力量与传统的象征。

竹筏原本停靠于龙虎山无蚊村上游。只要听音乐起后，筏子出发，六筏呈一字排开，到达指定演出地点后，围成扇面。鸬鹚捕鱼好戏此时精彩上演。只见"牧鹰人"（渔人）发令，鱼鹰们便一头扎进水里，仅一会儿功夫，第一只鱼鹰钻出了水面，喉咙里塞满了鱼。捕鱼时，鱼鹰们的脖子上，通常套有一根麻织的细绳子，以防它们私吞大鱼。眼疾手快的"牧鹰人"一手抄回子、把鱼头抄进去，一手抓鹰把鱼扔进舱里；顺手拿出一条小鱼填进鱼鹰嘴，用手一抻皮条的活扣、将其皮囊解开，小鱼便进了其胃中……为了将这项古老的捕鱼技术能够传承并发扬光大，江西龙虎山风景名胜区管委会已经将龙虎山中所有有这项捕鱼技艺的渔民召集起来，2009年开始每年举办一次大规模的鸬鹚捕鱼大赛，在丰富该景区旅游内容的同时，更重要的是将我国这项古老的捕鱼技艺不断传承。

拓展思考

1. 渔民利用鸬鹚做什么？
2. 怎样驯养鸬鹚？

青少年应该知道的动物百科知识

天鹅

Tian E

天鹅属雁形目中的鸭科中的一个属，它们是游禽中体形最大的种类，被俗称为"天鹅"。由于天鹅的受欢迎程度，人们也常常会用它的名字命名一首歌曲和一场热带风暴。

白色天鹅，鸟纲，鸭科，体型高大大约为155厘米。嘴

※ 天鹅

红，嘴基有大片黄色。黄色延至上喙侧缘成尖状。游水时颈较疣鼻天鹅为直。亚成体羽色较疣鼻天鹅更为单调，嘴色亦淡，比小天鹅大许多。虹膜是褐色；嘴是黑而基部为黄；脚是黑色。飞行时叫声独特，但联络叫声如响亮而忧郁的号角声。分布范围：格陵兰、北欧、亚洲北部，越冬在中欧、中亚及中国。繁殖一般是北方湖泊的苇地，越冬时会结群南迁。数量比小天鹅少。它们飞行时较安静。

天鹅的外形特征属大型鸟类，最大的身长1.5米，体重约6千克左右。大天鹅又被叫做白天鹅、鹄，是一种大型游禽，体长约1.5米，体重可超过10千克。全身羽毛白色，嘴多为黑色，上嘴部至鼻孔部为黄色。它们的头颈很长，约占体长的一半，在游泳时脖子经常伸直，两翅贴伏。由于天鹅体态优雅，它们从古至今在诗歌故事中都是纯真与善良的化身。

天鹅体形优美，具颈长，体坚，脚大的特点，它们在水中滑行时神态庄重优雅，飞翔时长颈前伸，徐缓地扇动双翅。迁飞时在高空组成斜线或V字形队列前进。天鹅无论在水中或空中行动均比其他水禽的速度要快一些。天鹅以头钻入浅水中觅食水生植物。游泳或站立时，疣鼻天鹅和黑天鹅往往把一只脚放在背后。天鹅雌雄两性相似。能从气管发出不同的声音。有些种类的气管在胸骨内如同鹤类一样。甚至因很少鸣叫而被称为哑天鹅的疣鼻天鹅，也常会发出温柔的或尖锐的声音。

天鹅在繁殖期会比较分散，但平时它们也是喜欢过群居生活。它们求

偶时会以喙相碰或以头相靠，一旦双方都愿意就会结成终生配偶。一般产卵后会由雌天鹅孵卵，平均每窝产卵 6 枚，卵苍白色不具斑纹。雄性天鹅会在自己巢的附近警戒；有些种类雄性同样替换孵卵。天鹅夫妇终生厮守，对后代也十分负责。为了保卫自己的巢、卵和幼雏，敢与其他动物殊死搏斗，在击退敌手后，天鹅像大雁那样发出胜利的欢叫声。天鹅幼雏的脖子比较短，绒毛却很稠密；幼雏出壳几小时后就能奔跑和游泳，但是天鹅父母都还是会照料自己的宝宝数月；有些种类的幼雏可伏在母亲的背上。未成年的小天鹅在两岁之前羽毛是灰色或褐色，而且具有杂纹。一般天鹅会在三、四岁时达到性成熟。它们在自然界中能活 20 多年，但是人工养殖的则可以活大概 50 年。

天鹅属有 7～8 种，其中北半球生活了 5 个种，均为白色，脚黑色，它们包括疣鼻天鹅、喇叭天鹅、大天鹅、比尤伊克氏天鹅、扬科夫斯基氏天鹅。疣鼻天鹅有橙色的喙，喙部有黑色疣状突，颈弯曲，翅向上隆起；喇叭天鹅鸣声高亢远扬，喙黑色；大天鹅的指名亚种叫声粗杂，喙黑色，喙部黄色；比尤伊克氏天鹅体型较小，相对较安静；扬科夫斯基氏天鹅可能是比尤伊克氏天鹅的东方类型；小天鹅的指名亚种是啸天鹅，喙黑色，眼周有小黄斑。有些鸟类学家只将疣鼻天鹅放在天鹅属，其他四种归为别类。

其中，鸣声高亢的喇叭天鹅曾一度有濒于灭绝的危险，后来在加拿大和美国西部的国家公园里，数量得到迅速恢复，但 19 世纪 70 年代中期，其数量亦不过 2000 只左右。它是最大的天鹅，体长约 1.7 米，翅展 3 米，但体重较疣鼻天鹅轻。疣鼻天鹅体重可达 23 千克，是最重的能飞的鸟类。南半球有澳大利亚的黑天鹅和南美洲的两种淡红脚类型，黑颈天鹅不驯顺但美观，身体白色，头和颈都为黑色，喙上有明显红色肉垂；全白色的扁嘴天鹅是最小的天鹅。

天鹅一般都在我国的北部和西部进行繁殖，而越冬时会在华中及东南沿海。每年 9 月中旬南迁，常常 6～10 余只组成小群，排成"一"字或"V"字队行，一边飞行一边鸣叫。越冬迁飞时在高空组成斜线或"人"字形队列前进。由于天鹅身体比较笨重，所以它们起飞时总会在水面或地面向前冲跑一段距离作为助跑。

◎生活习性

天鹅是一种喜欢群栖在湖泊和沼泽地带，并以水生植物为主食的冬候鸟。每年三、四月间，它们大群地从南方飞向北方，在我国北部边疆省份产卵繁殖。雌天鹅都是在每年的五月间产下二、三枚卵，然后由雌鹅孵卵，雄鹅就会一刻也不离开地守卫在它们身旁。一过十月份，它们就会结队南迁。在南方气候较温暖的地方越冬、养息。在我国雄伟的天山脚下，有一片幽静的湖泊——天鹅湖，每年夏秋两季，都可以见到这里有成千上万的天鹅，在蓝天碧水之间悠然自在的生活，好不惬意。

天鹅之所以被认为是纯洁的象征，还有一个原因就是它们是"一夫一妻制"。在南方越冬时，不论是取食或休息都成双成对。雌天鹅在产卵时，雄天鹅在旁边守卫着，遇到敌害时，它拍打翅膀上前迎敌，勇敢地与对方搏斗。它们不仅在繁殖期彼此互相帮助，平时也是成双成对，就算其中一只死亡，另一只也不会背叛对方，而是孤老终生。

▶ 知识窗

　　天鹅舞赫哲语为"胡沙德克得依尼"，是赫哲族妇女跳的舞蹈。跳舞时人们模仿天鹅翩翩起舞。天鹅舞是一个表现天鹅优雅姿态的舞蹈，流传于伊敏乡一带。相传，古代失散的鄂温克军队曾由于看到天鹅的飞向，而找到了自己聚居的地方。另外，陈巴尔虎旗的鄂温克每个氏族都以一种鸟作为图腾标志，如天鹅、水鸭等。他们对自己氏族的图腾鸟非常虔诚，当图腾鸟从头上飞过时，人们要向空中洒出牛奶以表示敬仰。绝对禁止任何伤害图腾鸟的行为。这种对于图腾鸟的敬仰之情，使妇女们在劳动之余，常在草地上展开双臂模拟天鹅飞翔的姿态翩翩起舞。

　　游牧民族的民间舞蹈中，模拟马、鹰、熊、鹿、羊等的形象较多，而模仿天鹅的舞蹈却不常见，目前仅知哈萨克、鄂温克、赫哲等民族中仍有流传。天鹅舞的形成和原始信仰、地理环境以及民族历史都有一定的关系。天鹅是候鸟，冬天飞过长江到南方越冬，春天飞回北方，在新疆、黑龙江一些地区的湖边、沼泽地带栖息、繁殖。上述三个民族正是在此地区生活，使他们得以观察了解天鹅的习性，创作有关天鹅的文学艺术形象。这三个民族都有过天鹅的原始图腾崇拜，都信奉过萨满教，关于民族起源的传说、民间故事或历史记载中，都有关于天鹅的描述。通过这些记述，可以帮助我们分析天鹅舞的文化特点。

拓展思考

1. 天鹅喜欢栖息在哪里?
2. 天鹅分布地区你知道多少?

啄木鸟

Zhuo Mu Niao

啄木鸟是众所周知的森林益鸟，它被称为森林医生。因为它们不仅可以消灭树皮下的害虫如天牛等幼虫以外，它们凿木留下的痕迹还可作为森林卫生采伐的指向标。

被称为"森林医生"的啄木鸟属于常见的留鸟，在我国分布较广的种类有绿啄木鸟和斑啄木鸟。它们觅食天牛、吉丁虫、透翅蛾、蠹虫等有害虫，每天能吃掉大约1500条害虫。由于啄木鸟食量大和活动范围广，一对啄木鸟在一个冬天之内就可以吃掉大约约0.13平方千米森林中的90％的吉丁虫和80％的天牛。

◎种类与分布

啄木鸟属于鸟纲鴷形目啄木鸟科，全世界范围内大约有180种啄木鸟。它们的嘴巴强且直可凿木；舌头长且能伸缩，先端列生短钩；它们的脚比较短且只有4个脚趾；尾呈平尾或楔状，尾羽大都为12枚，羽干坚硬富有弹性，在啄

※ 啄木鸟

木时支撑身体。除大洋洲和南极洲外，均可见到。中国各地均有分布。人们最常见的啄木鸟种类是黑枕绿啄木鸟，体长约30厘米，除了雄鸟头上有红斑以外它们大都通体绿色。夏季常栖于山林间，冬季大多迁至平原近山的树丛间，随食物而漂泊不定。它们经常鸣叫，每次连叫4～7声，有的在一分钟内叫5～6次。攀树索虫为食，但也到地面觅食。啄木鸟吃昆虫大多是在春夏两季，秋冬两季还会吃植物。它们通常会在树洞里营巢。卵为纯白色。终年留居于挪威，有的向东经德国、俄罗斯到日本，南至阿尔卑斯山、巴尔干半岛、东南亚等地。中国除了内蒙古以外，其余各地均有分布。除了澳大利亚和新几亚以外，啄木鸟几乎分布全世界，但南美洲和东南亚是它们的主要栖息地。大多数啄木鸟一般都会在一个地区定居。但是北美的黄腹吸汁啄木鸟和扑动鴷等一些温带地区的啄木鸟属迁徙性鸟类。

◎生活习性

啄木鸟以在树上凿洞和消灭昆虫而著称，大多数啄木鸟会以螺旋式地攀缘在树干上搜寻昆虫，并且以此方式在树林中度过终生；只有少数啄木鸟在横枝上栖息，比如在地上觅食雀形目红头啄木鸟鸟。多数啄木鸟以昆虫为食，但有些种类喜欢吃水果和浆果，吸汁啄木鸟一般在特定季节吸食某些树的汁液。春天的时候经常会听见啄木鸟响亮的叫声，那是雄性啄木鸟占领地盘的表示，加以常常啄击空树，或偶尔敲击金属而使声响扩大；在除春天以外的其他季节中，啄木鸟则通常是比较安静的。几乎没有见过啄木鸟群居在一起，一般都是独栖或成双活动。

啄木鸟的形体大小因它们的种类不同会有很大的差别，从十几厘米到40多厘米不等。比如说小的有长约十几厘米的绒啄木鸟，大的也有长约40几厘米的北美黑啄木鸟。啄木鸟能够在树干和树枝间以惊人的速度敏捷地跳跃。啄木鸟之所以能够牢牢地站立在垂直的树干上，与它们足的结构有关。因为啄木鸟的四个脚趾中，朝前的有两个足趾，朝后的有一个，而另一个朝向一侧，这样就构成了一个牢固的三角形，它们的趾尖有锋利的爪子。啄木鸟的尾部羽毛坚硬，可以支在树干上，为身体提供额外的支撑。它们通常用喙飞快地在树干上敲击，以寻找隐藏在树皮内的昆虫，一旦确定虫的位置之后，它们坚硬的喙就会飞速的在树上凿出一个小洞并急速的用它们长长的舌头捕捉昆虫。

橡子啄木鸟主要栖息在北美洲西北部到哥伦比亚地区的范围内，它们的体长约为20厘米。与橡子啄木鸟体长相似的红头啄木鸟，体长大约在19～23厘米。红头啄木鸟分布的区域比较广，在开阔的林地、农场和果园都可看见。红背啄木鸟产于印度到菲律宾群岛的森林地带，绿啄木鸟产于欧洲气候温暖的地区以及非洲大陆，红腹啄木鸟产于美国东南部的落叶林带。白嘴啄木鸟既是帝啄木鸟，是已知啄木鸟中体型最大的一种，它们产于墨西哥北部。它们的羽毛主要为黑色，翅膀和颈部有白色的斑点。成鸟的体长可达60厘米，雄鸟喙为白色，有红色的羽冠。帝啄木鸟和特里斯丹啄木鸟都属于濒危动物，属于我国国家二级保护动物的白腹黑啄木鸟主要分布在四川、云南、福建等地。

雄啄木鸟在向心仪的雌啄木鸟求爱时，就会迫不及待地用自己坚硬有力的嘴在空心树干上有节奏地敲打，发出像是拍发电报一样清脆的"笃笃"声，以此向雌啄木鸟倾诉爱的心声。

◎森林医生啄木鸟

潜藏在树木中很深的害虫，会把树活生生地咬死，只有啄木鸟才能把它从树干中掏出来除掉，因为啄木鸟主要吃食的是像天牛幼虫、囊虫的幼虫、象甲、伪步甲、金龟甲、螟蛾、蟒象、蟒虫卵、蚂蚁等这样的昆虫。而且这里面大部分都是害虫，对防止森林虫害，发展林业很有益处，所以大家都叫它们是"森林的医生"，绿啄木鸟和斑啄木鸟是在我国分布比较广泛的啄木鸟种类。

◎啄木鸟的舌头为什么长在鼻孔里

为什么啄木鸟细长且富有弹性的舌头会长在鼻孔里呢？原来它们的舌根是一条弹性结缔组织，它从下腭穿出，向上绕过后脑壳，在脑顶前部进入右鼻孔固定，只留左鼻孔呼吸，啄木鸟之所以能把舌伸出喙外达 12 厘米长，就是因为有这种弹簧刀式的装置，再加上它们的舌尖生有短钩，舌面具粘液，所以啄木鸟把舌能探入洞内钩捕各类树干害虫成了轻而易举的事。

▶知识窗

　　早在上个世纪 70 年代末，美国加利福利亚的科学家们训练过一只啄木鸟，并用 2000 每秒帧的高速摄像机摄像记录了他的飞行状况。其结果是，啄木鸟头部最大速度达到 7 米/秒，在击中树木后在短短 0.5 毫秒时间里减速到零，其向前运动的时间是每次 8～25 毫秒。减速时承受的加速度达到 1500 克，也就是说，在这短短 0.5 毫秒中能承受 1500 倍重力加速度。啄木鸟到底又有什么特殊的功能或装置来保证自己的头部不受损伤呢？原来，啄木鸟有着十分坚固的头骨，不仅它们的大脑周围长有一层对外力能起缓冲和消震作用的绵状骨骼，内含液体，而且它们的脑袋周围还长满了具有减震作用的肌肉，能把喙尖和头部始终保持在一条直线上，使其在啄木时头部严格地进行直线运动。假如啄木鸟在啄木时头稍微一歪，这个旋转动作加上啄木的冲击力，就会把它的脑子震坏。而且尽管它们每天啄木多达 102 万次，还能常年承受得起那么强大的震动力，就是因为它们的喙尖和头部始终保持在一条直线上。

|拓展思考|

1. 一只啄木鸟大约一天吃多少害虫？
2. 啄木鸟为什么不会得脑震荡？

爬

行类动物

PAXINGLEI DONGWU

第三章

　　传统意义上所说的爬行类是两栖类进化到哺乳类的中间环节，这里面包括无孔类、双孔类（调孔类）和下孔类爬行动物。后来以支序分类学为基础的分类方案中，下孔类（包括哺乳动物）被认为是羊膜类的一支，和爬行类形成姐妹群关系。

蜥 蜴

Xi Yi

蜥蜴的英文名称是 Lizard。蜥蜴属于冷血类爬行动物，它是由出现在三叠纪时期早期的爬虫类动物演化而来的。蜥蜴大部分种群都是靠产卵繁衍后代，但也有些种类已进化到可以直接生出幼小的蜥蜴。蜥蜴也被称"四足蛇"，还有人叫它"蛇舅母"，是一种很常见的爬行类动物。蜥蜴和蛇有着十分亲密的近亲关系，二者有

※ 蜥蜴

许多相似的地方，例如都是全身覆盖这一层角质性鳞片，泄殖肛孔都是一横裂，雄性都有一对交接器，都是以卵生的方法繁衍后代等。

◎繁殖与寿命

蜥蜴类中的雄性都具有一对用于繁殖交配的交接器，这个交接器有利于蜥蜴的交配受精。在每年的春末夏初都是蜥蜴进行交配、繁殖后代的繁忙时期。蜥蜴中个别种类雄性的精子可在雌体内保持活力数年，蜥蜴在交配一次后可连续数年产出受精卵。另外还有一些特别的蜥蜴种类，这些蜥蜴中只存在雌性个体，经过科学家的研究调查显示，它们是行孤雌繁殖的种类。这类蜥蜴的染色体是异倍体。蜥蜴中正常的两性繁殖种类，在一些特定的环境条件下也会改行孤雌繁殖。专家调查研究认为，孤雌繁殖可以使蜥蜴家庭中的全体成员都参与到繁殖后代的行动中来，有利于蜥蜴种群迅速扩大，从而占据生存领域的高峰。

蜥蜴的大多数种类都是以卵生的方式繁衍后代，蜥蜴都会在每年的夏季进行交配、产卵，一般蜥蜴都会将卵产于较温暖、潮湿，并且比较隐蔽的地方。每一次大约会产一二枚到十几枚不等的卵，卵体的大小与该种类蜥蜴个体的大小有直接的关系。壁虎科类的蜥蜴所产的卵比较的圆，卵壳

中的钙质较多，壳质坚硬易脆。其他种类的蜥蜴所产的卵体则使多为长椭圆形，壳革质而柔韧。

有一些蜥蜴种类，不会将所产的蜥蜴卵排除体外，而是留在母体输卵管的后段（子宫）成长发育，直到产出仔蜥，这种繁衍后代的方法被称做卵胎生。石龙子科中不少的蜥蜴种类都是以卵胎生为繁衍后代的主要方法。在蜥蜴的种类中有一个相对比较特殊的情况，在同一属中的蜥蜴，有的种类是为卵生为主要的繁衍生存方式，另一些种类则为卵胎生为主要的繁衍生存方式。例如，南蜥属中多线南蜥就是以卵胎生的方式繁衍后代，而同为南蜥属的多凌南蜥则是以卵生的方式繁衍后代。还有滑蜥属中血缘关系相近的秦岭滑蜥为卵胎生繁衍后代，而康定滑蜥却为卵生繁衍后代。鳄蜥为我国特产蜥蜴，每到当年年底的时候，处于母体输卵管的仔蜥就会发育成熟，但是却延滞到第二年 5 月份才会从母体中生产到外面。经科学家的研究证明，怀孕后期的鳄蜥，其体内的仔蜥已发育成熟，并且已无卵黄，而母体输卵管壁布满微血管网，这就表明处于发育后期的仔蜥很有可能就是依靠母体提供营养的。

蜥蜴一般每年只繁殖一次，但在处于热带温暖潮湿环境中的一些蜥蜴种类，如岛蜥、多线南蜥、蝎虎、疣尾蜥虎与截趾虎等蜥蜴，则是可以终年进行繁殖生育。

蜥蜴的寿命到现在还没有定论，但是根据动物园蜥蜴饲养的资料表明，飞蜥的寿命一般情况下在 2～3 年，岛蜥的寿命在 4 年，多线南蜥的寿命在 5 年，巨蜥的寿命在 12 年，毒蜥的寿命在 25 年，最长的生命纪录保持者大概就是一种蛇蜥了，一般的寿命都在 54 年。这些数字并不完全反映自然界蜥蜴生命的真实情况，但是可以作为参考。

◎活动与摄食

蜥蜴属于变温性动物，在温带及寒带生活的蜥蜴在冬季是会进入休眠状态的，从而度过寒冷的冬季。生活在热带的蜥蜴，由于气候温暖适宜，所以生活在那里的蜥蜴可以终年进行活动。但是生活在特别炎热和干燥地方的蜥蜴，也会在出现极端天气时，出现夏眠的现象，用以度过高温干燥和食物缺乏的恶劣气候环境。蜥蜴的类型也可分为白昼活动、夜晚活动与晨昏活动三种类型。不同蜥蜴活动类型的形成，主要取决于蜥蜴所食用的食物对象，它的活动习性及一些其他自然因素的影响。

单个蜥蜴的活动范围大都具有很强的局限性，树栖性蜥蜴每天的活动范围也就只在几株树之间。据有关研究，只在地面活动的蜥蜴，如多线南蜥，它的活动范围平均在 1000 平方米左右。有的蜥蜴种类在活动范围发面还表现出年龄的差异，如蝘蜓大多都孵化在水里面，孵化后也只在附近的水域活动，成年后才转移到较远的林中活动。

大多数的蜥蜴都是肉食性动物，其食物主要是以各种昆虫为主。壁虎类的蜥蜴喜欢在夜晚活动，以鳞翅目等昆虫为食物，体型较大的蜥蜴如大壁虎就以小鸟和其他类小型的蜥蜴为食物。巨蜥则是食用鱼、蛙，或是捕食小型哺乳动物为食。也有一部分蜥蜴如鬣蜥以食用植物为主要食物。由于大多数种类的蜥蜴都是以捕吃昆虫喂食，所以说蜥蜴在控制害虫方面所起的作用是不可低估的。很多人以为蜥蜴是有毒动物，这是不对的。在全世界 6000 种蜥蜴中，已知有毒的蜥蜴只有两种，都是隶属于毒蜥科，且都分布在北美及中美洲地区。

◎变色与发声

蜥蜴皮肤的变色能力很强，特别是避役类的蜥蜴以其善于变色的功能获得"变色龙"的美称。我国的树蜥与龙蜥的种类中，大多数也具有变色能力，其中变色树蜥处于阳光照射的干燥地方时，会使通身颜色变浅而仅头颈部发红。当处于阴湿地方时，头颈部的红色就会逐渐消失，通身颜色逐渐变暗。蜥蜴的变色是一种非随意的生理行为变化。它与光照的强弱、温度的改变、动物本身的兴奋程度以及个体的健康状况等直接相关。

※ 蜥蜴

大多数蜥蜴都是可以发出声音的，壁虎类蜥蜴是一个例外。蜥蜴中不少种类都可以发出洪亮的声音，如蛤蚧的嘶鸣声可以清晰地传播到数米之外。壁虎的叫声并不是寻偶的表示，可能是一种为了警戒或是占有领域的信号表现方式。

▶ 知 识 窗

　　许多蜥蜴在遭遇敌害或受到严重干扰时，常常会把尾巴断掉，利用断尾的不停跳动吸引敌害的注意力，好让其本身的主体逃之夭夭。

　　这种现象被称为自截，是蜥蜴逃避敌害的自我保护的一种习惯性表现。蜥蜴尾巴的自截切面可在尾巴的任何部位发生，但断尾的地方并不是在两个尾椎骨之间的关节处，而发生于同一椎体中部的特殊软骨横隔处。这种特殊横隔构造在蜥蜴尾椎骨的骨化过程中形成，因尾部肌肉强烈收缩而断开。软骨横隔的细胞终生保持胚胎组织的特性，可以不断分化。所以尾断开后又可自该处再生出一新的尾巴。再生尾中没有分节的尾椎骨，而只是一根连续的骨棱，鳞片的排列及构造也与原尾巴不同。有时候，尾巴并未完全断掉，于是，软骨横隔自伤处不断分化再生，产生另一只甚至两只尾巴，形成分叉尾的现象。我国的蜥蜴种类中壁虎科、蛇蜥科、蜥蜴科及石龙子科的蜥蜴，都具有尾巴自截与再生的能力。

拓展思考

　　1. 蜥蜴别名你知道多少？

　　2. 蜥蜴一般生活在哪里？

壁 虎

Bi Hu

壁虎是爬行类动物，它的身体的特征是，身体呈扁平状，四肢短小，脚趾上有吸盘，能在壁上爬行。壁虎的食物主要是吃蚊、蝇、蛾等小昆虫，对人类来讲是有益的动物。壁虎也可以叫做蝎虎。壁虎的主要产地是在我国西南部，以及长江流域以南诸地区，在日本和朝鲜地区也有分布。旧称"守宫"，是古代的"五毒"之一。

壁虎是蜥蜴亚目壁虎科所有蜥蜴的通称，自然界中的壁虎大约有 80 属 750 种。壁虎对人是没什么威胁的，但是壁虎的叫声却很让人反感。壁虎是小型爬虫类动物，大多都是在夜间活动。壁虎的皮肤柔软，身体肥短，头大，四肢软弱，脚趾有趾垫。大部分的壁虎体长都在 3～15 厘米之间。能适应由沙漠至丛林的不同环境区

※ 壁虎

域，还有很多的壁虎喜欢到人类的住所活动。壁虎的平均寿命大都是在 5～7年。

壁虎大多数都具有适合攀爬的足，足趾底部都是平的且具有肉垫状的小盘，盘上依序被有微小的毛状突起，末端叉状。这些肉眼看不到的钩可黏附于物体上那些细小的看不到的不规则小平面上，使壁虎能在极平滑且垂直的面上行走自如，甚至可以越过光滑的天花板。有些种类的壁虎还具有可以伸缩的爪。大多数壁虎的外形都像蛇一样，在白天活动的被称为是日行壁虎属，日行壁虎属的眼上都有一层透明的保护膜。普通的夜行性壁虎种类，瞳孔纵置，并常分成数叶，收缩时可形成 4 个小孔。尾部的形状呈长尖型或短钝型，有的甚至呈球形。有些壁虎种类的尾可贮藏养分，如同仓库类的壁虎，这种壁虎即使在不适宜的环境条件下也能够获得储存在尾部的养分，使身体得以正常生存。壁虎的尾部非常脆，很容易断掉，但

是在断后，则可以再生成原状。壁虎的体色通常为暗黄灰色，并带灰、褐、浊白斑；但是产于马达加斯加岛的日行壁虎属，却是鲜绿色型的体色，且白天活动。相异于其他爬虫类动物，壁虎大都具有声音，其叫声有几个特点，一般都是微弱的滴答声、唧唧声、尖锐的咯咯声、犬吠声，根据种类的不同而不同。大多数的壁虎种类都是依靠卵生的方法繁殖后代的，壁虎的卵大都呈白色，且壳质坚硬，通常都产在树皮下或附于树叶背面。在纽西兰的某些地方有几种比较特殊的壁虎则是以卵胎生的方式繁衍后代。

壁虎在全世界各个温暖地区都有分布，在每一洲都可以见到多种的壁虎种类。带斑壁虎是分布最广的北美种壁虎，它的身长可长至15厘米，身体呈现出浅粉红色或黄棕色，并带有深色带斑和斑点。蛤蚧是最大的壁虎，长度可达25～35厘米，身体呈灰色，并带有红色或乳白色斑点和条纹，它的主要产地在东南亚，喜欢它的动物爱好者在宠物店就可以买到。

◎生物特性

壁虎是蜥蜴目的一种，又被称为守宫。壁虎的身体特征是体背腹呈扁平状，身上排列着粒鳞或杂有疣鳞；脚顶端的趾端扩展，其下方形成皮肤褶襞，密布腺毛，具有粘附能力，可在墙壁、天花板等光滑的平面上迅速爬行。属于壁虎属的壁虎种类大约有20种，产于中国地区的有8种，比较常见的有多疣壁虎、无蹼壁虎、蹼趾壁虎与壁虎。蜥虎属类的壁虎中国已经发现知道的有4种，半叶趾虎属、截趾虎属和蝎虎属的壁虎在中国区各有一种，主要分布于华南地区，这几科的动物没有活动的眼睑。壁虎生活于建筑物内，以蚊、蝇、飞蛾等昆虫为食，喜欢在夜间活动，夏秋的晚上常出没于有灯光照射的墙壁、天花板、檐下或电杆上，白天潜伏于壁缝、瓦角下、橱柜背后等隐蔽阴凉处，并且喜欢在这些隐蔽地方产卵育子，壁虎每次产2枚呈卵白色的，圆形的卵，这些卵的壳容易破碎。有时几个雌体的壁虎将卵产在一起，在孵化一个多月之后，就可以孵化出新的壁虎宝宝。壁虎是属于可以鸣叫的爬行类动物。

◎生理特征

壁虎大多数的生理特征都和蜥蜴非常相似，但是有一点却是不同的，那就是壁虎没有大脑，它的头部是中空的，头部中间什么也没有。当你从壁虎的一只耳眼看进去，直接可以通过另一只耳眼看到外面，壁虎控制身体的中枢神经系统位于脊髓中。

壁虎的断尾逃跑，是一种"自卫"的表现方式。当壁虎受到外力牵引或者遇到敌害侵袭时，尾部肌肉就会产生强烈地收缩，使尾部断落。掉下来的那一段尾巴，由于其中还有一些神经体的活动，就会出现跳动的现象。这种现象，在动物学说上被称为"自截"。

▶ 知 识 窗

壁虎逃生的绝技就是扔掉尾巴，在它遇到强敌或被敌害咬住时，挣扎一番后就自动将尾巴脱落，离开身体的尾巴还不停地抖动，以达到迷惑敌人、趁机保全自己的目的，而过些时候，壁虎的尾巴又能完好如初。这在生物学上叫"残体自卫"或"自截"，不少动物都具有这种本领。"自截"可在尾巴的任何部位发生。

| 拓展思考 |

1. 壁虎遇危险断尾是一种什么行为？
2. 壁虎以什么为食？

青少年应该知道的动物百科知识

巴西龟

Ba Xi Gui

巴西龟又名红耳龟，秀丽锦龟，麻将龟，七彩龟，红耳龟。头较小，吻钝，头、颈处具黄绿相镶的纵条纹，眼镜后面有 1 对红色斑块。背甲扁平，每块盾片上具有圆环状绿纹，后缘不呈锯齿状。腹甲淡黄色，有着黑色的圆环纹，似铜钱，每只龟的图案均不同。后缘不呈锯齿状。趾、指间具丰富的蹼。花鳖腹部有较大黑斑，性格凶猛，动作灵活，比较好斗。且表皮粗糙，体薄而裙边宽厚，脂肪色泽金黄。最大甲长 27 厘米，分布区域极广。分为 16 个亚种。通称为巴西龟的密西西比红耳龟也是本种亚种之一，有两只红耳朵，因此巴西龟也叫红耳巴西龟。龟皮肤（除头部前端外）最大的特点是粗糙，表皮均有细粒状或小块状鳞片，有保护真皮、减少与外界的摩擦和减少体内水分蒸发的作用。龟以颈和四肢的伸缩运动来直接影响其腹腔的大小，从而影响肺的扩大与缩小。龟呼吸时，先呼出气，后吸入气，这种特殊的呼吸方式称为"咽气式"呼吸，又称为"龟吸"。龟的呼吸运动过程，可从龟后肢窝处皮肤膜的收缩变化观察到。龟头上有两个鼻孔，可是却只有一个鼻腔，鼻孔内骨块上均覆有上皮黏膜，有嗅觉功能。其中梨鼻器是它们主要的嗅觉器官。因为龟在寻找食物或爬行时，总是将头颈伸得很长，以探索气味，再决定前进的方向。龟的眼睛构造很典型，其角膜凸圆，晶状体更圆，且睫状肌发达，可以调节晶状体的弧度来调整视距，因为，龟的视野一般很广，但清晰度差。所以，龟对运动的物体较灵敏，而对静物却反应迟钝。据英国动物学家试验，大多数龟能够像人类一样分辨颜色，尤其对红色和白色的反应较为灵敏。龟的听觉器官只有耳和中耳，没有外耳，而且最外面是鼓膜。所以，龟对空气传播的声音迟钝，而对地面传导的振动较敏感。正因为如此，一般说来，龟几乎被认为是既哑又聋的动物。

◎巴西龟特征

不少资料都记载巴西龟是杂食性动物，但是在实际的大规模饲养中，部分个体甚至一生都没有吃过一口植物，说巴西龟是杂食性动物也只能算是个别的罕见情况。实际上人工饲养的巴西龟是名副其实的食肉动物，巴西龟爱吃无骨、无刺的软碎肉（肌肉）、虾肉、鱼肉，最爱吃新鲜虾肉。肥肉、坚硬的干肉、煮熟的肉以及各种粗纤维的食物都是它们最喜欢的。

※ 巴西龟

和其他爬行类动物一样，在体温较低的时候，巴西龟也喜欢柔和的阳光，在体温较高的时候则害怕阳光，养殖户要注意不要一味地用强光照着巴西龟，事实上龟类晒太阳仅仅是为了提高体温让身体便于活动而已，如果温度达到了就不要勉强它们晒太阳，一切以龟的自愿为主。

早期的在港台销售的巴西龟的确是南美洲的巴西龟，后来因为运输成本等各种各样的原因，正宗的巴西龟退市了，从而被它的最近的近亲，或者应该说是它的亚种，一种生活在北美的亚种密西西比红耳龟所代替。

正宗的南美巴西龟和北美红耳龟两者之间唯一的区别就是头部两侧的红斑，北美的红耳龟就有这对红斑，南美的巴西龟没有。这两种龟同科同属可以杂交出后代。

随着龟的长大，壳的颜色会发生变化。年轻成年个体的绿色底色，会被黄色所替代，最后成为较暗的褐橄榄色。壳上的图案由黑线，条纹及烟渍状的斑块组成，有时会夹杂着白色、黄色，甚至红色的斑点。在老年个体中，由于图案和甲壳颜色差异的减小，使得它们的背甲看上去更为一致。

◎巴西龟的繁殖

一到求偶期，巴西龟中性成熟的公龟就会主动向母龟抖手。母龟如果也有交配意愿，就会以抖手向公龟做出响应。但母龟若未达性成熟，或没有交配意愿，就会对公龟不理不睬、视而不见的。但有时候公龟也会搞错性别，而向另一只公龟抖手，那另一只公龟自然也会不理不睬。母龟愿意交配，则公龟就会骑在母龟背上，同时从尾巴的泄殖孔伸出生殖器到母龟的泄殖孔内，母龟则将尾巴翻转，露出泄殖孔让公龟的生殖器进入，以便使卵受精。交配后约1～3个月（视环境、温度、土壤等而定），母龟会挖洞把蛋产下，再把土盖上，土壤有伪装保护、保温、保湿、通风、送氧的作用，可加速蛋的孵化及保护龟蛋的安全。

▶ 知识窗

　　巴西龟是世界公认的生态杀手，已经被世界环境保护组织列为100多种最具破坏性的物种，多个国家已将其列为危险性外来入侵物种！中国也已将其列入外来入侵物种，对中国自然环境的破坏难以估量。"巴西龟"引进作为食用为目的个体大、食性广、适应性强、生长繁殖快、产量高，抗病害能力强，经济效益高的特点，引进后在中国各地均有养殖。由于"巴西龟"整体繁殖力强，存活率高，觅食、抢夺食物能力强于任何中国本土龟种！如果把它放生后，因基本没有天敌且数量众多，大肆侵蚀生态资源，将严重威胁中国本土野生龟与类似物种的生存。而且在只要适于生存的旅游景点加上民众"积极的放生"基本上都可看到满塘皆是"巴西龟"的震撼景象！

　　虽然"巴西龟"寿命仅为20几年，但只要达到生殖期，就能顺利交配，顺利孵化，顺利成活，近几年"巴西龟"在中华大地遍地"开花"，个体已呈几何状繁衍，占据了大面积属于中国本土龟种的野外生存空间！所以爱好放生的人们切记不要购买巴西龟用来放生，否则放生则会变成"杀生"。

| 拓展思考 |

1. 什么是物种侵略？
2. 除了巴西龟我国还有哪些引进物种产生了物种侵略？

蟒 蛇

Mang She

蟒蛇属于无毒蛇类，是目前为止较原始的蛇种之一，在其肛门两边均有一个小型爪状痕迹，这是其退化后肢的残余痕迹。这种后肢虽然已经不能行走，但都还能自由活动。体色黑，有云状斑纹，背面有一条黄褐斑，两侧各有一条黄色条状纹。现为国家一级重点保护的野生动物。在蛇类的品种中，蟒蛇是最大的一种，其长度一般在 6 米左右，最大体重也可达 55 千克左右。

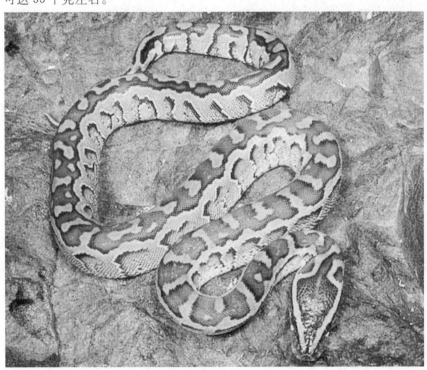

※ 蟒蛇

◎ 特征

体形粗大而且较长是蟒蛇的主要特征，其次身上具有腰带和后肢的痕迹，雄蛇的肛门附近具有后肢退化的明显角质距。除此之外，蟒蛇具有成对较发达的肺，较高等的蛇类却只有1个或1个退化肺。蟒蛇的体表花纹非常美丽，对称排列成云豹状的大片花斑，斑边周围有黑色或白色斑点。体鳞光滑，背面呈浅黄、灰褐或棕褐色，体后部的斑块很不规则。蟒蛇的头小且呈黑色，眼下有一黑斑，喉下呈黄白色，其腹鳞无明显分化。蟒蛇的尾巴短而粗，但具有很强的缠绕性和攻击性。

◎ 生长环境

因为蟒蛇具有很强的缠绕性，所以常攀缠在树干上，蟒蛇也擅长游泳。蟒蛇喜热怕冷，最适宜温度为25～35℃，20℃时少活动，15℃时开始麻木状态，如果气温继续下降到5～6℃就会死亡；在强烈的阳光下曝晒时间过长也会死亡。蟒蛇取食在25℃以上，冬眠期4～5个月，春季出蛰后，日出后开始活动。夏季高温时常躲阴凉处，于夜间活动捕食。蟒蛇的攻击性很强，它猎取食物的方式就是用身体将猎物紧紧缠住，直至把猎物缢死，然后从猎获物的头部将其吞入。

◎ 习性及食性

蟒蛇喜欢在温热的地方生活，常生活在热带雨林和亚热带一些潮湿的森林中，属于树栖性或水栖性蛇类。蟒蛇主要以鸟类、鼠类、小野兽及爬行动物和两栖动物为食，它的牙齿尖锐、猎食动作迅速准确，有时亦进入村庄农舍捕食家禽和家畜；有时雄蟒也伤害人。当雌蟒进行产卵后，有盘伏卵上孵化的习性，此时任何东西最好都不要靠近它，因为性情凶狠的雌蟒极容易伤人。

蟒蛇常以小麂、兔、松鼠等为食，其胃口极大，可以一次吞食一些超过自身体重的动物。比如广西梧州外贸仓1960年收购一条10千克重的蟒蛇，吞食了15千克的家猪。蟒蛇虽胃口大，但其消化力也极强，除猎物的兽毛外，其他皆可消化，但饱食后也可达数月不吃食物。

◎ 繁殖

蟒蛇繁殖期短，卵生，其繁殖期为每年4～6月，每年的4月份出蛰，到 6 月份开始产卵，每次可产 8～30 枚，多者也可达百枚。卵呈长椭圆形，每只卵均带有一个"小尾巴"，大小似鸭蛋，每枚重约 70～100 克，其卵为白色，孵化期 60 天左右。4 月下旬至 5 月下旬是蟒蛇的繁殖高峰。雌性每次产卵 8～32 枚，其卵白色，重 80 克左右。

▶ 知 识 窗 ┈┈┈┈┈┈┈┈┈┈┈┈┈┈┈┈┈┈┈┈┈┈┈┈┈┈┈┈┈┈

　　印度尼西亚捕获一条长 14.85 米，重 447 千克的巨蟒，属东南亚本地物种网纹蟒。到目前为止，这条蟒蛇是世界上最大的蟒蛇。这条大蛇取名为"桂花"。虽然名字听起来比较温柔，但据说"桂花"的大口一旦张开非常吓人，可以很轻松地吞下整整一个人。

　　据英国媒体报道，这条大蛇是在印尼和马来西亚交界的婆罗洲一个原始森林中被发现的，当地人将它捕获后卖给了公园。

　　印尼当地媒体报道说，印尼的国家科学研究所、农业研究所等学术机构都对这条蛇进行了检验，确认了其身长、体重以及品种。很多动物学家都表示，从来没有见过这么大、这么长的蛇。

　　据说，要制服这么大的蛇，至少需要 8 到 10 个壮年男子。此前，吉尼斯世界记录中所记载和公认的世界最长蛇是一条身上花纹呈网状的大蟒，身长 10 米，已于 1912 年在印尼被射杀。

　　网纹蟒可以长成世界上最大的蛇。无疑，它们长到巨大体型的情况比森蚺更常见。很多人对于在家里养上一条 30 英尺长（约 9.1 米）、比任何两个家庭成员加在一起还重的巨蛇持保留态度。网纹显然不是适合所有人的宠物，巨型蛇，包括其他任何类型的蛇，都只应该由那些能够安置好并照顾好他们的人来饲养。

　　网纹的体型受遗传和环境两方面因素的影响。体型巨大的群体繁衍的后代通常也会长得很大，反之亦然。年老的蛇一般比年轻的大；雌蛇通常比雄蛇大；生活在环境适宜、食物充足条件下的蛇比生活在不适宜条件下的蛇长得大。

　　根据《吉尼斯世界纪录大全》记载，此前世界上被人捉到的最长的一条蟒蛇长 9.75 米；最重的是饲养在美国伊利诺伊州格尼的一条缅甸蟒蛇，重 182.76 千克。

▌▌ 拓展思考 ▌▌

1. 蟒蛇在蛇类中称得上什么之最？
2. 蟒蛇分布在哪里？

草 龟

Cao Gui

草龟又被叫做乌龟，中华草龟三线龟，金线龟，墨龟等。属于杂食性，可喂食蟋蟀，蜗牛，面包虫，小鱼，小虾，叶菜及水果等，草龟的食量非常大。中华草龟俗称乌龟，是我国龟类中分布最广，数量最多的一种。它全身是宝，具有较高的食用、药用和观赏价值。在国际市场上，中华草龟也是很畅销的。日本、菲律宾以及欧美各国人民将其视为象征"吉祥，延年益寿"之物。乌龟（草龟）体为长椭圆形，背甲稍隆起，有三条纵棱，脊棱明显。头顶黑橄榄色，前部皮肤光滑，后部其细鳞。腹甲平坦，后端具缺刻。颈部、四肢及裸露皮肤部分为灰黑色或黑橄榄色。雄性体型比较小，尾巴相对长一些，有臭味，性成熟时背甲以及腹甲墨黑色，皮肤橄榄绿纹消退，变黑色。雌性背甲由浅褐色到深褐色，腹甲棕黑色，尾较短，体无异味。中华草龟对环境的适应性强，水质条件要求比较低，对不良水质有较大的耐受性，高密度养殖时，无互相残杀现象，患病率低。

◎生活习性

乌龟属于杂食性动物，在自然界中，动物性饲料主要有蠕虫、小鱼、虾、螺蛳、蚌、蚬蛤、蚯蚓以及动物尸体及内脏、热猪血等；植物性饲料主要为植物茎叶、瓜果皮、麦麸等。特别是多年的野生龟，因从小鱼、小虾等通过食物链摄取了一种叫 ASTA 的物质，它更加是有很高的食用和药用价值。水陆两栖性。乌龟是用肺呼吸，体表又有角质发达的甲片，能减少水分蒸发。性成熟的乌龟将卵产在陆上，不需要经过完全水生的阶段。明显的阶段性。一是摄食阶段。4 月下旬开始摄食，约占其乌龟体重的 2～3％；6～8 月摄食量旺盛，约占 5～6％；10 月摄食量下降，约占 1～2％。二是休眠阶段。乌龟是变温动物，它的体温随着外界温度而变化。从 11 月到翌年 4 月，气温在 15 度以下时，乌龟潜入池底淤泥中或静卧于覆盖有稻草的松土中冬眠；5 月到 10 月，当气温高于 35 度，乌龟食欲开始减退，进入夏眠阶段（短时间的午休）。这一阶段乌龟忙于发情交配、繁殖、摄食、积累营养，寻求越冬场所。乌龟喜集群穴居，有时因群居过多，背甲磨光滑、四肢磨破皮了仍不分散。

◎生长繁殖

草龟的自然孵化有两种方法，第一种方法：在亲龟池向阳的墙脚下挖20～40厘米宽，20厘米深（长度不限）的沙坑，然后用黄沙将坑填平，把龟卵按1厘米的距离，排在砂土里，要保持一定的湿度，由太阳照晒增温，50～60天时间即出稚龟。第二种方法：在亲龟池周围堆若干个小砂堆，让成熟的种龟夜间爬上岸，在砂堆处挖穴产卵，任其自然孵化，雌龟体重达700克以上，即可用于交配繁殖，雌雄配比2：1，如雌龟体重超过700克，需配较大雄龟才能交配繁殖成功。交配的适宜温度20～30度，交配实践多再晴天傍晚5～6时，雨天在下午2～4时。交配过程一般只需3～5分钟。大约50～70天即出幼龟。乌龟是一种卵生动物。再性成熟前，雌雄龟较难区别，而到性成熟时，雌雄龟从外表特征就能鉴别出来。

如何进行人工孵化？龟卵的人工孵化是要把采集的龟卵放在高25厘米的长方形木箱进行。箱子的底板要钻若干个小孔，底铺15～20厘米的细纱，砂上盖湿纱布，要保持室温在25～35度，每天下午在砂上洒水一次，洒水标准一般用手握砂不成团，不滴水为宜。若空气湿度较大可减少洒水次数。为防害侵袭，可在孵化箱上盖纱罩，这样经50～60天可孵出稚龟。

▶ **知识窗**

雄龟的尾巴比较细长，基部较粗。泄殖腔离腹甲底部较远。雌草龟的泄殖腔和腹甲底部间的距离比较近。这种方法鉴别雌雄比较精确，但用来鉴定幼龟时，会有失误，因为幼龟发育不完全，之间的差别还不明显。其他雌雄间体型的差别：雄草龟的腹甲上会有轻微的凹痕，母龟则是平坦的。雄草龟随着年龄的增长，身上的颜色越变越深，大部分雄草龟成年后颈部的斑纹会消失，全身变成墨黑色。这也是草龟被叫做"乌龟"的原因。母草龟的体色一般终生不变，体型也比同年纪的雄龟稍大。喂养宠物草龟食物很多，水族店里出售的小鱼苗、小虾。

拓展思考

1. 草龟原产地是哪里？
2. 草龟有哪些特点？

黄喉拟水龟

Huang Hou Ni Shui Gui

黄 喉拟水龟为龟科拟水龟属的爬行动物，黄喉拟水龟甲长大约15～20
厘米，头部小，头顶平滑，橄榄绿色，上喙正中凹陷，鼓膜清晰，
头侧有两条黄色线纹穿过眼部，喉部淡黄色。背甲扁平，棕黄绿色或棕黑
色，具三条脊棱，中央的一条较明显，后缘略呈锯齿状。腹甲黄色，每一
块盾片外侧有大墨渍斑。四肢较扁，外侧棕灰色，内侧黄色，前肢五指，
后肢四趾，指趾间有蹼，尾细短。

※ 黄喉拟水龟

◎分布地区

黄喉拟水龟分布在越南、日本、台湾岛以及中国大陆的东部、南部、
海南、西至云南等地，常见于丘陵地带半山区的山间盆地或河流谷地的水
域中，长于附近的小灌丛或草丛中。该物种的模式产地在浙江舟山群岛。
分布在偏南方亚热带地区的黄喉拟水龟底板黑斑的斑块，比分布偏北方的

温带黄喉拟水龟的底板黑斑的斑块要大些，并成大弧度马蹄形，而分布温带的北种黄喉拟水龟的黑斑块较小，成无弧度的直排列，且前后黑斑之间多数不连贯。更有些北种黄喉拟水龟的底板，黑斑也逐渐退化成只有小点不明显的黑斑痕迹，或成完全无黑斑的底板，俗称"象牙板"。广东茂名电白县的龟鳖养殖业者陈雄党，多年致力研究黄喉拟水龟。他表示，现在养殖户所说的南种是指分布于中国南方的广东、广西、海南和越南境内的黄喉拟水龟，分布于北方各省的称为北种。还有一种叫大青头，主要分布在台湾和福建。价格方面，南种高于大青头，大青头高于北种（也叫小青头）。陈雄党还指出，现在南种存在品种不纯的问题，业界应该努力提纯复壮。南种子2代和子3代有体色变淡的现象，值得注意。

◎生活习性

野生的黄喉拟水龟栖息一般栖息在丘陵地带，半山区的山涧盆地和河流水域中，野外生活于河流、稻田及湖泊中，也常到附近的灌木及草丛中活动，白天多在水中戏游，觅食，晴天喜在陆地上，有时爬在岸边晒太阳。天气炎热时，经常躲在水里面、暗处或埋入沙中，缩头不动。怕惊动，一旦遇到敌害或晃动的影子，立即潜入水中或缩头不动。夜间出来活动、觅食。黄喉拟水龟杂食性，取食范围广喜食鱼虾、贝类、蜗牛、水草等食物，人工饲养的黄喉拟水龟一般投喂鱼、虾、肉或家禽的内脏。黄喉拟水龟每年的4月底至9月底活动量大，最适环境温度为20℃～30℃，15℃左右是龟由活动状态转入冬眠状态的过渡阶段。10℃左右龟进入冬眠。3月底，温度15℃左右的时候龟虽然已经苏醒，但是只爬动，不吃食，到4月份，温度升至20℃左右才吃食，冬眠后的龟，体重大约减轻50～100克左右。在池中饲养，水位可以超过龟壳高度的2倍或可能更高一些。但池中须设一个小岛，以供龟休息或晒太阳。

乌龟的冬眠，是龟类应对自然界极端低温气候的一种自我调节方式，这样可以把自身的新陈代谢降到最低点，从而度过气温不足以维持正常活动的季节。这是适应大自然所形成的一种自我保护。但是不同地区的龟类应对低温是大不相同的。现今阶段，越来越多品种的龟进入国内，在夏季，大多数龟类都是比较适合。但随着天气的转凉，不同地区不同品种的龟则出现不同的情况，我们不能以一个简单的标准统一对待，统统将龟扔到土里睡觉去。这不但对龟的健康不利，反而可能会让他们丧命。对于大部分龟而言，都喜欢25℃～32℃以下温度，这个温度区间是他们食欲和活动最旺盛的时候。一旦气温跌倒25℃以下，食欲方面会立刻出现变化。

如果是室内饲养，则要提供足够潮湿的底材供它们钻。

黄喉拟水龟是在温度降到 25℃ 以下之后食欲就会大降。在这个时候就要拉长喂食周期，到了 10 月初也就结束了一年的喂食。后面因为温差刺激这些龟的交配欲望。当水温降到 18℃ 以下之后，它们也就逐渐安静下来，黄喉可以安排在水中冬眠，但要一定要时刻保持水质的清洁，否则很容易腐皮，在室外，它们大多数基本都会钻入土中，因此它们还是建议在潮湿的底材中冬眠。而它们自然钻入土中去冬眠的温度往往在 12℃ 以下了。在 15℃～18℃ 期间，一般喜欢上岸的黄喉很多是在交配时被咬伤了，才会长期在岸上或者土里。在这之前，它们还是喜欢待在水中。如果我们室内饲养，就可以利用他们这一本能，12℃ 以下再放入沙或者挪室内冬眠。

由于这些是本土物种，只要气温不跌倒冰点以下，它们都可以很顺利地度过冬天。

知识窗

　　黄喉拟水龟的体色变化以头部颜色的变化最快，在活动频繁的季节如改变黄喉拟水龟的栖息环境，也许只需数周或更短的时间，黄喉拟水龟的头部颜色就会发生明显变化。人们还发现：在黄喉拟水龟的原始栖息地，栖息在同一处溪流的大约相同年龄段的黄喉拟水龟，它们四肢及甲壳的颜色基本相同。如栖息在布满黑色鹅卵石的溪流中，黄喉拟水龟的壳色也会渐渐地变成黑色，看上去如同溪流中的一块鹅卵石，估计"石龟"的外号也是由此而生。黄喉拟水龟的体色基本形呈南深（色）北浅（色）的趋势。甲壳颜色；南种的大都偏棕黑色、北种棕灰色的较为普遍。由南至北的颜色也是由深向浅的走向：深绿、灰绿、浅绿、越往北越偏黄色。

拓展思考

1. 黄喉拟水龟体型特点有哪些？
2. 黄喉拟水龟对生存条件有何要求？

鳄 鱼

鳄目是对所有爬虫类动物的统称，通常鳄目的动物是指那些体形巨大、行动笨重的爬行类动物，外表和蜥蜴的外形稍微有些类似，属肉食性动物。鳄鱼的身体强而有力，口中长有许多锥形齿，腿短，有爪，趾间有蹼，尾长且厚重，外表皮很是厚中，并带有鳞甲，目前确认为鳄目的品种一共有 23 种。

鳄目类这个动物群体之所以能引起人们的特别关注，这主要是因为它在动物的进化史中所占的崇高地位。鳄是现存自然生物中最古老的爬虫类动物，目前的鳄鱼与史前时代的恐龙有很大的血缘关系。同时，有研究发现鳄还是现代鸟类最近亲缘种。各种大量的鳄化石已被发现，其中鳄目的 4 个亚目中已经有 3 个亚目已经绝灭。根据这些古鳄化石的纪录，可以了解鳄和其他有脊椎动物间的亲密关系。

鳄鱼，是对广泛分布在世界各地鳄目类的动物统称。具有代表性的鳄鱼就要数湾鳄了，湾鳄是鳄形目鳄科中的一种，又被称为海鳄。广泛分布于东南亚沿海直到澳大利亚北部的广大地区。鳄鱼的身体全长一般在 6～7米，体重大约有 1 吨重，有的湾鳄体长可达到 10 米，是现存的爬行类动物体型最大的。湾鳄主要生活在海湾里或远渡大海中。鳄鱼是迄今发现活着的最古老的、最原始的爬行动物，它是在约 2 亿年以前的三叠纪至白垩纪的中生代，由两栖类的恐龙进化而来的，延续至今仍是两栖类，性情凶猛的爬行类动物，它最早是和恐龙生活在同时代的动物，恐龙不管是受环境的影响，还是自身原因的改变，都已灭种变成化石，而鳄鱼则生龙活虎地活跃在大自然中，向世人证明它顽强的生命力。

首先要了解的是鳄鱼不是鱼，是属脊椎动物爬行虫纲中的一种，是远古恐龙现存的唯一后代。它可以在水中可以自由游动，也可以在陆地上自由活动。鳄鱼体胖力大，被称为是"爬虫类之王"。它在陆地上可以用肺呼吸，由于其体内的氨基酸链结构比较发达，这使得鳄鱼的供氧储氧能力较强，因此鳄鱼都具有长寿的特征。鳄鱼的平均寿命，一般都在 150 岁左右。

据古生物学家发现鳄鱼最大的体长可达 12 米，体重重约 10 吨，但是大部分的鳄鱼种类平均体长约 6 米，重约 1 吨。鳄鱼属于是肉食性动物，主要是以鱼类、水禽、野兔、蛙等动物为食。

◎分布范围

鳄鱼属于脊椎类爬行动物，主要分布在热带到亚热带的河川、湖泊、海岸中。鳄鱼科属中的鳄鱼种类最多，现存的鳄鱼类共有 20 余种，它们大都性情凶猛暴戾，喜欢以鱼类和蛙类等小动物为食，有时甚至噬杀人畜。

◎生活环境

鳄鱼栖息在淡海水中，是河湾和海湾交叉口处。除了少数鳄鱼生活在温带地区外，大多的鳄鱼都生活在热带亚热带地区的河流，湖泊和多水的沼泽中，也有个别的种类生活在靠近海岸的浅滩中。在生活中有这样的一句话说"世上之王，莫如鳄鱼"，鳄鱼具有较好的观赏价值，同时还具有很强的药用保健功效。同时鳄鱼还是名贵的食用佳肴。可以说鳄鱼的全身都是宝，因此，世界上有一些国家积极推广发展鳄鱼养殖业。

※ 鳄鱼

◎生活习性

鳄鱼是唯一一种生活到现在的类恐龙类古生物，鳄鱼是冷血性的、卵生科动物。在长久的历史进程中，鳄鱼身体的改变非常少，是唯一的可以在水陆中称霸的猎食者及清道夫。世界上现存的鳄鱼类有 20 余种，我国的扬子鳄，泰国的湾鳄以及逻罗鳄等都是比较有名的鳄鱼品种。广州市番禺养殖场是我国目前最大的鳄鱼养殖基地，该场占地面积近 70 公顷，拥有湾鳄，逻罗鳄，扬子鳄，南美短吻鳄等鳄鱼品种，共有约近 10 万条的鳄鱼。

我国到汉代的时候才知道南方有鳄。具唐宋记载，明清时节以后，在沿海岛屿就可以见到鳄鱼的出现。俗话说"鳄鱼的眼泪"，其实这是真的，鳄鱼真的会流眼泪，只不过那并不是因为它伤心，而是它在排泄体内多余的盐分。鳄鱼肾脏的排泄功能发育的并不完善，体内多余的盐分，要通过一种特殊的盐腺才能排泄出来。位于鳄鱼的眼睛附近正好有盐腺的存在。除鳄鱼外，在海龟、海蛇、海蜥和一些海鸟身上，也有类似的盐腺体。盐腺使这些动物能将从海水中食取的多余盐分排出体外，从而得到可以供身体吸收的淡水，而盐腺是它们天然的"海水淡化器"。

◎环境

鳄鱼喜欢在淡水江河边的阴凉处、丘陵处营巢，它们喜欢在距离河岸大约 4 米的地方，用树叶丛荫构成的陆地上，用尾巴扫出一个 7～8 米的平台，台上建有直径 3 米的巢，用来安放要孵化的卵，每巢大约有 50 枚左右的卵；卵多为白色，每个卵约有 80×55 毫米的大小；在孵卵的时候，母鳄鱼守候在巢侧，时时甩尾巴洒水湿巢，使卵巢中保持 30～33℃的温度，经过 75～90 天孵化就可以孵出小鳄鱼了。一般雏鳄在出壳时，它的体长就在 240 毫米左右，1 年后就可长到 480 毫米，3 年可达 1156 毫米，重 5.2 千克左右。

鳄鱼性情凶猛不驯，成年后的鳄鱼经常潜伏在水下，只把眼睛和鼻子露出水面进行呼吸。鳄鱼的耳目灵敏，在受惊时，会迅速下沉到水底。鳄鱼喜欢在午后浮出水面晒日光浴，夜间鳄鱼的目光明亮，幼鳄的目光中带红光。鳄鱼在每年的 5～6 月份交配繁殖，它们可以连续数小时的交配，而受精的时间仅有 1～2 分钟；7～8 月份是鳄鱼的产卵期。雄鳄喜欢独占一片自己的领域，对闯入者实行驱斗。在鳄鱼的世界里通常都是一雄率拥群雌。鳄鱼的咀嚼力很强，能碎裂硬甲，所以在平常的生活当中，鳄鱼除去吃食鱼、蛙、虾、蟹等小型动物外，也吃小鳄、龟、鳖等带有坚硬外壳的动物。

◎孵化

鳄鱼主要是利用太阳热和杂草受湿发酵的热量对卵进行孵化的，幼鳄的性别是由孵化过程中的温度决定的，但母鳄一般会使儿女的出生比例得到平衡。它们通常都会把巢建在温度较高的向阳坡上，也有的会将巢建在温度较低的低凹遮蔽处。

◎适应性

鳄鱼之所以能从1亿年前存活至今，是因为它是迄今为止人们所知道的，对环境适应能力最强的动物。鳄鱼对环境超强的适应性主要表现在以下几个方面：

1. 鳄鱼的头部进化的十分精巧。可以使鳄鱼在狩猎时可保证仅将眼耳鼻露出水面，极大地保持了自身的隐蔽性。

2. 它是爬行动物中，心脏最发达的动物。正常的爬行类动物只有3个心房，而鳄鱼的心脏有4个心房，近似达到了哺乳动物的水平。

3. 鳄鱼的心脏能在鳄鱼捕猎时将大部分的富氧血液运送到尾部和头部，极大增强了鳄鱼的爆发力。

4. 鳄鱼的大脑已经进化出了大脑皮层，因此鳄鱼的智商是不可估量的。

5. 鳄鱼的肝脏可在腹腔中前后移动，很好地调节自身的身体重心着重点。

> ▶ 知识窗 ......
>
> 在我国古代很早就已经有有关鳄鱼的记载，《礼记》中就曾记载了有关鳄鱼的事迹，到唐代，大文豪韩愈就以鳄鱼为题，写出《祭鳄鱼文》的讨贼文，义正辞严，吓退鳄患。
>
> 人们的心目中，鳄鱼就是"恶鱼"。一提到鳄鱼，立刻会想到血盆大口，密布的尖利牙齿，全身坚硬的盔甲，时刻准备吃人的神态。鳄鱼的视觉、听觉都很敏锐，外表看似笨拙其实动作十分灵活。鳄鱼长这副模样就是为了吃肉，所有的动物包括人都是它的食物，再凶猛的动物见了它也只能以守为攻、主动避让，绝不敢轻易招惹它。
>
> 白垩纪晚期是哺乳动物进化史上的一个重要时期，在那段时间里，许多种群

开始分化，以适应在不同的小环境下生存。生物学家戴维·克劳斯说："鳄鱼从白垩纪晚期开始，就不断进行着不同的进化改变，为了可以适应不同生存环境，有的大到 5 米长，有的小到不足 1 米。

　　鳄鱼是自然界中已灭绝物种和现代动植物之间关系的证明，对人们研究过去的地理结构有很大的帮助。以往北半球发现的化石比较丰富，在马达加斯加的发现之前，有关南半球，冈瓦纳古陆的化石非常少。对物种在南半球跨大陆发现的早期理论认为，如今的各大陆之间，在远古是有巨大的"桥"相连。但现在，科学家们认为非洲大陆是在 1.65 亿年前，从冈瓦纳古陆分离出去的。而印巴次大陆、马达加斯加、南美洲、南极洲连在一起的时间较长，因此植物和动物得以分散到各处。

拓展思考

1. 人们常说鳄鱼的眼泪信不得，那鳄鱼的眼泪有什么作用？
2. 鳄鱼从什么时期起就生活在地球上了？

青少年应该知道的动物百科知识

蝰 蛇
Kui She

蝰蛇是具有毒性的一类蛇，它体长约为 1 米，背部的颜色为淡蓝带灰色或褐色，腹部为黑色，背脊有黑色的链状条纹，身体两侧有不规则的斑点。蝰蛇多生活在森林或草地里，以吃一些小动物为生，如小鸟、蜥蜴、青蛙等。

※ 蝰蛇

蝰蛇全长有 1 米左右，体重可以达到 1.5 千克。蝰蛇头比较大，且头背有小鳞起棱，鼻孔大，位于吻部上端。蝰蛇体背颜色呈棕灰色，具有 3 纵行大圆斑，每一圆斑中央为紫色或深棕色，外周为黑色，最外侧有不规则的黑褐色斑纹。蝰蛇的腹部为灰白色，并分散有较大的深棕色斑。蝰蛇科分为蝰蛇亚科（东半球蝰蛇）和响尾蛇亚科（颊窝蝰蛇）。有些动物学专家认为，这两个类群应是各自独立的。蝰蛇的特征是具有一对中空的注射毒液的牙齿，生在上腭活动骨骼上（上腭骨），不用时可折回嘴内。具颊窝器的蝰蛇（响尾蛇及其他）的特征是：在每侧鼻孔与眼之间有一热敏感小窝，用于探寻温血动物。蝰蛇体长大小不等，至不足 30 厘米，大至 3 米以上。蝰蛇捕食的对象以一些小型动物为主，捕猎方式是先将猎物咬伤，再进行追踪。

◎生活习性

蝰蛇生活在平原、丘陵、山区地带，分布地区以宽阔的田野为主，很少到茂密的森林去。一般情况下，夏季一般在丘陵地带活动，炎热的时候喜欢栖息在荫凉通风处。蝰蛇受惊时并不选择逃离，而是将身体盘卷成圈，并发出呼呼的出气声，身体不断彭缩，并可持续半个小时之久。猎食时以鼠、鸟、蜥蜴为食，通常喜欢采取突袭方式，先将躯干前部向后曲，再突然离地冲向猎物，将其咬住，直至吞食下去。蝰蛇在 9～10 月份咬伤人畜较多，是我国剧毒蛇类之一。平均每咬物一次可排毒量约 200 毫克。蝰蛇繁殖属于卵胎生，一般在 7～8 月份产仔，每次可达十几条之多。

在东半球的蝰蛇多数种类为陆栖，主要分布在亚欧大陆和非洲地区。它的特点就是身体粗壮，头宽大，行动较为迟缓。树蝰属的身体细长，尾能缠住树枝，喜树栖生活。而穴蝰属则为洞栖，眼细小。大多数种类卵胎生。响尾蛇亚科主要在西半球，从沙漠到雨林皆有分布。中、南美洲的洞蛇属种类有陆栖型和树栖型，也有一些属于水栖类，如噬鱼蛇，就是水栖种类。有些种类繁殖方式是产卵，其他的均为卵胎生。

▶ 知 识 窗

　　蝰蛇捕猎的本领极强，它能保持一动不动，直至猎物靠近。其毒牙连着特殊的关节，就像弹簧刀一样，不用时，可以收起来，所以毒牙可长可短，以便注射毒液。毒液注入猎物体内以后，猎物的体表便开始出血，这样即使逃出了蝰蛇的视线，它也可以循着气味追踪猎物。

　　事实上，蝰蛇的嗅觉也是非常灵敏的。因为它有一条前端分叉的舌头，可以全方位的在空气中搜寻猎物的气味。当蝰蛇弹出舌头时便是在搜索气味，以此嗅出猎物的位置。

拓展思考

1. 蝰蛇有毒吗？
2. 蝰蛇最大的形态特征是什么？

青少年应该知道的动物百科知识

眼镜蛇

Yan Jing She

眼镜蛇的名字是随着 17 世纪眼镜的出现而附加给蛇的，因为这种蛇在颈部扩张的时候，背部就会出现一对美丽的黑白斑，看起来很像是眼镜，故名眼镜蛇。眼镜蛇主要分布在亚洲和非洲的热带和沙漠地区，是眼镜蛇科中的一些蛇类的总称。

◎外形特征和生活习性

眼镜蛇最明显的特征是颈部，该部位肋骨可以向外膨起用以威吓对手。如果眼镜蛇被激怒了，那么，它会将身体前段竖起，颈部两侧膨胀，此时背部的眼镜圈纹愈加明显，同时发出"呼呼"声，借以恐吓敌人。事实上，很多蛇都可以或多或少地膨起颈部，而眼镜蛇只是更为典型而已。眼镜蛇的颜色多样，从黑色或深棕色到浅黄白色。多数眼镜蛇体形较大，一般体长在 1.2～2.5 间，最长可达 6 米。眼镜蛇毒液为高危性神经毒液。眼镜蛇的上颌骨较短，前端具有沟牙，沟牙后面有 1 到数颗细牙。眼镜蛇不喜欢运动，头部呈椭圆形，尾部呈圆柱状，整条脊柱均有椎体下突。头背具有对称大鳞，无颊鳞，我国分布的眼镜蛇只有 8 种左右，常见的有眼镜蛇、眼镜王蛇、金环蛇、银环蛇等。

眼镜蛇大多分布在海拔 1 千米以下的丘陵、低山地区，或平原地带的灌木丛、竹林中火溪水边。眼镜蛇很凶猛，耐热性强，主要在白天活动，大部分表现为向阳性。它们一般用毒液杀死猎物，主要以鼠类、鸟类、鸟蛋、蜥蜴、鱼类、蟾蜍等这一类型的小型脊椎动物和其他蛇类为食。适合眼镜蛇生存的气温一般在 20～35℃之间，因此它们会有冬眠的现象，到次年三、四月份出蛰。5～6 月是眼镜蛇交尾的时间，6～8 月则为产卵期。雌蛇每次产卵 9～19 枚，并

※ 眼镜蛇

且有护卵的习性。在我国眼镜蛇主要分布于广东、广西、海南、福建、台湾、云南、贵州、湖南、江西、湖北等省。

◎毒性

眼镜蛇是前沟牙类毒蛇，毒牙较短，毒液以神经毒为主。被眼镜蛇咬到会有致命的危险，尤其是被大型的眼镜蛇咬到。蛇毒的致命性也取决于毒液的多少，毒液中的毒素会使被咬者的肌肉麻痹而死或者破坏其神经系统，同时也会影响到被咬者的呼吸。眼镜蛇的毒牙位于口腔的前端，有一道附于其上的沟能分泌毒液。被眼镜蛇咬到的早期症状有眼睑下垂，复视，吞咽困难，晕眩，继而逐渐出现呼吸肌麻痹。

眼镜蛇的天敌有灰獴和一些猛禽，獴能直接嚼食眼镜蛇的头部，但是在搏斗过程中眼镜蛇也会咬到獴，獴会因被咬而昏厥几个小时，然后就可以自己排毒直至醒来，但少部分也会被眼镜蛇吞噬。

◎几种典型的眼镜蛇

1. 眼镜王蛇

眼镜王蛇是世界上最大的毒蛇，主要生活在印度经东南亚至菲律宾和印度尼西亚一带海拔 1800～2000 米的山林的边缘靠近水的地方。眼镜王蛇体型较大，最长可达 6 米，在黑褐色的皮肤上有白色条纹，它的腹部颜色为黄白色。一般，幼蛇是黑色的，有黄白色底纹，是世界最大的前沟牙类毒蛇。

眼镜王蛇在白天的时候捕食，晚上的时候就会隐匿在岩石缝隙或树洞里休息，它们是一类喜欢独居的蛇。靠喷射毒液或扑咬猎物获取食物，是世界上最大的一种前沟牙类毒蛇，非常凶猛。眼镜王蛇之所以会世界闻名，是因为眼镜王蛇除了捕猎鼠类、

※ 眼镜王蛇

86

蜥蜴、小型鸟类之外，还会捕食其他蛇类，比如金环蛇、银环蛇、眼镜蛇等有毒的蛇。

眼镜王蛇属卵生动物，通常用落叶筑成巢穴，每年7～8月间是它们产卵的好时节，雌蛇每次产20～40枚卵于落叶所筑的巢中，卵径达65.5毫米×33.2毫米。雌蛇有护卵性，长时间盘伏于卵上护卵，孵出的幼蛇体长为50厘米。

眼睛王蛇是蛇之煞星，它在毒王榜上，排名第9位，专以吃蛇为生的眼镜王蛇令众多蛇类闻风丧胆，它的地盘休想有其他蛇生存。一旦它受到惊吓，便会兽性大发，身体前部高高立起，吞吐着又细又长、前端分叉的蛇信子，头颈随着猎物灵活转动，这样就使得猎物很难逃脱。最可怕的是，即使不惹它，它也会主动发起攻击。被眼镜王蛇咬中后，大量的毒液能使人在1小时之内死亡。

眼镜王蛇肉质鲜美，蛇毒、蛇胆都有极高的药用价值，蛇皮也可制成工艺品，因此，在野外被发现的眼镜蛇王几乎全被人类捕杀。如果不对其采取保护措施就会有灭绝的可能。

2. 珊瑚眼镜蛇

珊瑚眼镜蛇与着一般眼镜蛇的特征基本一样，颈折及硕大的鼻吻部位。珊瑚眼镜蛇，头部很小，吻鳞较大，有利于打洞，躯体粗壮，躯体鳞片细小。

珊瑚眼镜蛇有三个亚种：生活在分布区最南端的知名亚种，其特征是

※ 珊瑚眼镜蛇

体背呈珊瑚红，体侧下方浅红色或乳白色，有黑色横斑；纳米比亚亚种，体背呈土白色或灰棕色并有浅色横斑，头部黑色；安哥拉亚种，通体土白色或灰棕色，头部色彩很淡。主要分布在南非，纳米比亚，安哥拉或其他地区的灌丛、沙漠草丛中，雌蛇每次产3～11枚卵。

▶知 识 窗

在非洲地区也有会喷射毒液和不会喷射毒液的眼镜蛇，与亚洲的眼镜蛇没有任何血缘或亲缘关系。

分布在南非的唾蛇和非洲的黑颈眼镜蛇都是会喷射毒液的眼镜蛇，但是后者的体型却比较小。毒液准确地喷射入超过2米外的受害者眼内，若不及时清洗会导致暂时性或永久性失明。射毒眼镜蛇可以将毒液喷射到较大动物的眼睛里而使其暂时失明。如果清洗及时，一般不会造成永久性伤害。

拓展思考

1. 眼镜蛇分布在哪里？
2. 哪个国家的人对眼镜蛇最为崇拜？

青少年应该知道的动物百科知识

两

栖类动物

LIANGQILEIDONGWU

第四章

　　两栖动物是最原始的陆生脊椎动物，它们既适应陆地生活新的性状，又有从祖先处继承下来的适应水生生活的性状。多数两栖动物都需要在水中产卵，发育过程中有变态，幼体（蝌蚪）接近于鱼类，而成体可以在陆地生活，但是有些两栖动物进行胎生或卵胎生，不需要产卵，有些从卵中孵化出来几乎就已经完成了变态，还有些终生保持幼体的形态。

蝾螈

Rong Yuan

蝾螈是一种有尾两栖动物，体形与蜥蜴十分相似，所以很多人都容易把两者分不清。蝾螈体表无鳞，但是蜥蜴体表是有鳞的，它是一种良好的观赏动物，包括北螈、蝾螈、大隐鳃鲵（一种大型的水栖蝾螈）。它们大部分栖息在淡水和沼泽地区，主要是北半球的温带区域。它们通过皮肤吸收水分，因此蝾螈需要居住在潮湿的环境里。

※ 蝾螈

◎体态特征

蝾螈体长约 6～8 厘米，它的外形是由头、颈、躯干、四肢和尾 5 部分组成。蝾螈全身皮肤裸露，背部黑色或灰黑色，皮肤上分布着稍微突起的痣粒，腹部有不规则的橘红色斑块。蝾螈的颈部不明显，躯干较扁，四肢较发达，前肢四指，后肢五趾，指（趾）间无蹼，尾侧扁而长。蝾螈在水中活动时需借助躯干和尾巴不断弯曲摆动而前行，在水底和陆地上活动时则需要靠四肢爬行。蝾螈在成长的过程中有蜕皮的现象，一般是先从头顶部开始，然后再是躯干部、四肢和尾部蜕皮。

要分辨蝾螈的雄雌需要注意以下几点：雌的体型略微大于雄体，但雄体比较活泼灵敏，相反雌体因其腹部肥大，行动较为迟缓；雄体泄殖腔孔隆起，特别在生殖季节，孔裂长，有明显绒毛状乳突，甚至向外凸出，而雌体的泄殖腔孔平伏，孔裂较短，无明显乳突。蝾螈身体短小，有 4 条腿，皮肤潮湿，大都有明亮的色彩和显眼的模样。中国生长的大蝾螈体型最大，体长可达 1.5 米。蝾螈都有尾巴，但与蛙类不同，它们从一出生都长着一条长尾巴。

◎交配与繁殖

大多数的两栖动物都是通过体外受精的，不过蝾螈虽属于两栖动物，但它却是体内受精的。蝾螈的交配行为也是相当特殊的，雄蝾螈在排精之前，不断地围绕在雌蝾螈后面游动，用吻端触及雌蝾螈的泄殖腔孔，同时把尾向前弯曲，急速抖动。求偶成功之后，雌蝾螈随雄蝾螈而行，当雄蝾螈排出乳白色精包（或精子团），沉入水底粘附在附着物上时，雌螈紧随雄螈前进，恰好使泄殖腔孔触及精包的尖端，徐徐将精包的精子纳入泄殖腔内。精包膜遗留在附着物上。出生的卵粒外围就像有胶状物质缠裹保护着，这样可以使幼体安然度过发育前期。

纳精后的雌蝾螈会变得十分活跃，尾高举，约 1 个小时后才可逐渐恢复常态。雌螈纳精 1 次或数次，可多次产出受精卵、直至产卵季节终了为止。在产卵时雌螈游至水面，用后肢将水草或叶片褶合在泄殖孔部位，将卵产于其间。每次产卵多为 1 粒，产后游至水底，稍停片刻再游到水面继续产卵；一般每天产 3～4 粒，最多时可达 27 粒，平均年产 220 余粒，最多可达 668 粒。一般情况下，这些卵要经 5～25 天孵出，孵出后的胚胎有 3 对羽状外鳃和 1 对平衡肢。

生活在自然界的蝾螈与人工饲养的蝾螈的产卵期是不一样的，自然界中生长的一般在 3～4 间，以 5 月份产卵最多，而后者由于室温往往高于自然界温度，产卵期一般要提前一个月左右。在 2～3 月间，气温达到 10℃以上时，大腹便便的雌蝾螈便开始产卵，以 4 月份为盛期，以后逐渐减少。

雌蝾螈产卵是一件很有意思的事情，它们先是在水中选择一片水草叶，再用后肢将叶片夹拢，反复数次，最后将扁平的叶片卷成褶，以此包住其泄殖腔孔，静止 3～5 分钟后，受精卵即可产出，并包在叶内。雌蝾螈产卵后伏到水底，休息片刻又浮上来继续产卵，一般每次仅产一枚卵。

受精卵在各方面条件适宜的情况下，包括水、氧气和温度都要适宜，经过多次有规律地分裂，卵变成小蝌蚪。经过 2～3 天，蝌蚪慢慢长出前肢，随后再长出后肢，再过 3～4 个月，幼体发育完成，变成蝾螈。

◎防卫

不管是在地表、树上还是陆地上，蝾螈都可以用它的短短的四肢缓慢地爬行。更令人感到不可思议的是，它们还可以用前足或者趾尖在泥泞不堪的表面上行走，如池塘底部的淤泥。蝾螈之所以如此厉害，很大一部分原因是它可以借助摆动尾巴来加快行走速度。

蝾螈大多是有毒的，且体色鲜明美丽，它们正是利用这种鲜艳夺目的颜色告诫来犯者，于是那些蠢蠢欲动的来犯者就会对它们敬而远之了。当蛇向蝾螈发起进攻时，蝾螈的尾巴就会分泌出一种像胶一样的物质，它们用尾巴毫不留情地猛烈抽打蛇的头部，直到蛇的嘴巴被分泌物给粘住为止。有时会出现一条长蛇被蝾螈的粘液给粘成一团，无法动弹的场面。而很多时候，蝾螈都可以靠这些粘液使自己脱离危险。

▶知识窗

　　蝾螈通常生活在一些潮湿的地下或水下，是一种比较害羞的动物。它们的皮肤光滑而又有黏性，尾巴很长，头部很圆。它们中许多种都是终生在水中生活，而其中又有一些种类完全生活在陆地上，甚至有些完全生活在潮湿黑暗的洞穴中。但不管是在陆地上生活，还是在水中生活的蝾螈，大多数都是要在水中产卵的。

　　从出生到发育成蝾螈，蝾螈所经历的一系列幼态发育的过程称为蜕变。陆栖蝾螈在陆地产卵，幼虫的发育发生在卵内。当幼仔孵化出来后，看上去就像成年的微缩版。而对于水栖蝾螈，在水中产卵，孵化后变成像蝌蚪样的幼虫，最终失去鳃。而有些蝾螈繁殖比较特殊，它们可以不产卵，直接生下完全成形的幼仔。

| 拓展思考 |

1. 蝾螈对生存环境有什么要求？
2. 蝾螈的生活习性你知道多少？

青少年应该知道的动物百科知识

中华蟾蜍

Zhong Hua Chan Chu

中华蟾蜍一般情况下生活于阴湿的草丛中、土洞里或者石头砖块下面等，其生存的海拔上限为 1500 米。为蟾蜍科蟾蜍属的两栖动物，俗名癞肚子、癞疙疱、癞蛤蟆。分布于台湾本岛以及中国大陆的河北、山西、黑龙江、辽宁、吉林、江苏、浙江、安徽、福建、江西、河南、湖

※ 中华蟾蜍

北、湖南、四川、贵州、云南、陕西、甘肃、宁夏、青海等地，中华蟾蜍为无尾目蟾蜍科，体长约 100 毫米左右。头背光滑无疣粒，体背疣粒多而密，腹面及体侧一般无土色斑纹。雄体通常体背以黑绿色、灰绿色或黑褐色为主，雌体颜色较浅；体侧有深浅相同的花纹；腹面为乳黄色与黑色或棕色形成的花斑。

◎生活习性

中华蟾蜍一般栖居草丛、石下或土洞中，黄昏的时候才会爬出来捕食。产卵季节因地而异，卵在管状胶质的卵带内交错排成四行。卵带缠绕在水草上，每只产卵 2000～8000 粒。成蟾在水底泥土或烂草中冬眠，其蝌蚪喜欢成群结队朝同一方向游动。冬季多在水底泥中。白昼潜伏，晚上或雨天外出活动。中华蟾蜍是捕食田野害虫的能手，一般是夜间捕食。捕食害虫种类很多，有蝶类、蝗虫、蚱蜢、金龟子、蚊、蝇、白蚁，捕食量极大。稻田里的青蛙一天捕食 200 多只害虫，而癞蛤蟆要高出青蛙 2～3 倍，所以它是对人类很有益的动物。

◎生长繁殖

"春分"到"清明"前后这段时间，冬眠的蟾蜍都集中在池塘、人工

湖，可看到个体较小的雄蟾蜍，用前肢紧紧抱住一只个体较大的雌蟾蜍，有时可持续几天而不分开（即使人为地使之分开也很费劲），这种现象称为抱对或抱合。抱对并不是它们进行交配，而是促使两个个体都在兴奋高潮中，同时产卵排精，进行体外受精。癞蛤蟆的卵呈带状。卵的外面有外胶质膜，起缓冲、保护、集热、聚光、增加浮力，用来起到防止干燥等作用。

▶ 知识窗

· 蟾蜍与青蛙有什么区别呢？ ·

蝌蚪的区别：青蛙的蝌蚪颜色较浅，尾较长；蟾蜍的蝌蚪颜色较深、尾较短。卵的区别：青蛙的卵堆成块状，蟾蜍的卵排成串状。

蟾蜍实际上是蛙类的一种，所以从科学的角度看，所有的蟾蜍都是蛙，但不是所有的蛙都是蟾蜍。两栖纲无尾目的成员统称蛙和蟾蜍，蛙和蟾蜍这两个词并不是科学意义上的划分，从狭义上说二者分别指蛙科和蟾蜍科的成员，但是无尾目远不止这两个科，而其成员都冠以蛙和蟾蜍的称呼，一般来说，皮肤比较光滑、身体比较苗条而善于跳跃的称为蛙，而皮肤比较粗糙、身体比较臃肿而不善跳跃的称为蟾蜍，实际上有些科同时具有这两类成员的特性，在描述无尾目的成员时，多数可以统称为蛙。

无尾目包括现代两栖动物中绝大多数的种类，也是两栖动物中唯一分布广泛的一类。无尾目的成员体型大体相似，而与其他动物均相差甚远，仅从外形上就不会与其他动物混淆。无尾目幼体和成体则区别甚大，幼体即蝌蚪有尾无足，成体无尾而具四肢，后肢长于前肢，不少种类善于跳跃。

▍ 拓展思考 ▍

1. 蟾蜍为什么又叫中华蟾蜍？
2. 蟾蜍有什么医学价值？

青 蛙

Qing Wa

青蛙，是水陆两栖动物。它们成体没有尾巴，会把卵产在水里，卵化后变成蝌蚪用鳃呼吸，经过变态，之后成体主要用肺呼吸，但大多数的皮肤也有部分呼吸功能。蛙和蟾蜍之间的区别并不大，是一科中同时包括两种。一般来说，蟾蜍多在陆地生活，因此皮肤多粗糙；蛙体形较苗条，多善于游泳。两种体形相似，都是颈部不明显，且无肋骨。前肢的尺骨与桡骨愈合，后肢的胫骨与腓骨愈合，因此爪不能灵活转动，但四肢的肌肉却很发达。因为青蛙的食物以害虫为主，所以有"人类的好朋友"之称。

无尾目是生物从水中走上陆地的第一步，比其他两栖纲生物都要先进一些，虽然多数已经可以离开水生活，但繁殖仍然离不开水，卵需要在水中经过变态才能成长。因此不如爬行纲动物先进，爬行纲动物已经可以完全离开水生活。

◎外形特征

蛙的种类大约有 4800 种，这里面绝大部分的都是在水中生活的，也有部分生活在雨林潮湿环境的树上。蛙虽为两栖动物，但是不能够完全脱离于水，因此繁衍后代还需要产卵于水中经过蝌蚪阶段。当然，也有树蛙是利用树洞中或植物叶根部积累残余的水洼就能使卵经过蝌蚪阶段的。2003 年，在印度西部新发现一种"紫蛙"，这种青蛙常年生活在地底的洞中，只有季风带来雨水时才出洞生育。而在我国广东广州荔湾区一带也新发现一种"波动青蛙"，但这种青蛙的外形比较像蟾蜍。蛙类和蟾类很难绝对地区分开，有的科如盘舌蟾科就即包括蛙类也有蟾类。但最新品种"波动青蛙"至今尚未有分类。

根据蛙类的体积来看，最小的青蛙只有 50 毫米，只相当一个人的大拇指长，大的也有 300 毫米，不论大小它们的瞳孔都是横向的，皮肤光滑，舌尖分两叉，舌跟在口的前部，倒着长回口中，能突然翻出捕捉虫子。有三个眼睑，其中一个是透明的，在水中保护眼睛用，另外两个上下眼睑是普通的。头两侧有两个声囊，可以产生共鸣，放大叫声。体形小的

※ 中华蟾蜍

青少年应该知道的动物百科知识

品种叫声频率会比较高。有的蛙类皮肤分泌毒液以防天敌，生活在亚马逊河流域雨林中的一种树蛙分泌物被当地印第安人用来制作箭毒，见血封喉。

◎分布范围

世界各地都有蛙类的分布，除了加勒比海岛屿和太平洋岛屿以外。但由于气候的变化和环境的污染以及外来物种的侵入使蛙的栖息环境逐渐缩小，导致蛙的数量在全世界迅速减少。

◎生活习性

蛙类基本在夜间捕食，主要是以昆虫为食，但大型的蛙类可以捕食鱼、鼠类，甚至鸟类。青蛙具有人类朋友的美称，因为青蛙可捕食大量田间害虫，对人类有益。它不单单是害虫的天敌、丰收的卫士。那熟悉而又悦耳的蛙鸣，其实就如同是大自然永远弹奏不完的美妙音乐，是一首恬静而又和谐的田野之歌。"稻花香里说丰年，听取蛙声一片"，那清脆的蛙的叫声总给农民带去播种的希望，总能带动收获的喜悦与欢乐！

◎历史

青蛙最原始的进化在三叠纪早期就开始了，它是两栖类动物。现今最早有跳跃动作的青蛙出现在侏罗纪。随着不断的进化，出现各种令人害怕的样子怪异的青蛙。蛙类的皮肤可分泌出毒液，其主要目的为防天敌。

※ 青蛙

蛙类祖先最早是在水里生活的，但由于生活环境的改变，一些河流、湖泊成了陆地，蛙类的祖先不得不随着环境的改变从水里向陆地发展。生活环境的改变迫使蛙类的祖先们对自己身体的器官作相应的"调整"，以适应环境的变化。一些能适应陆地生活的种类生存下来，运动器官由水里游动的尾巴变成了陆地和水里都能运动的四肢，呼吸器官由鳃变成了肺。蛙类的祖先由水生向陆生的一番转变并不十分彻底，于是便有了后来的水中产卵，由蝌蚪发展成体，或许这就是蛙类祖先留给它们遗产吧！从青蛙幼体的发育中表现了出来。

◎捉虫能手

青蛙是捉虫能手，它们的主要食物是小昆虫，于是便有了它们的捕虫手法。一只青蛙趴在一个小土坑里，后腿蜷着跪在地上，前腿支撑，张着嘴巴仰着脸，肚子一鼓一鼓地等待着猎物的到来。一只蚊子飞过来，青蛙身子向上一蹿，舌头一翻，又落在地上。蚊子不见了，它回复原来的样子，等待着下一个目标的到来。

◎歌唱家

青蛙是有名的歌唱家，它嘴边有个鼓鼓囊囊的东西，那是它的声囊，它可以随时放声高歌。蛙的声带位于喉门软骨上方。有些雄蛙口角的两边还有能鼓起来振动的外声囊，声囊产生共鸣，使蛙的歌声雄伟、洪亮。雨后，当你漫步到池塘边，你会听到雄蛙的叫声彼此呼应，此起彼伏，汇成一片。科学工作者指出，蛙类的合唱并非各自乱唱，而是有一定规律的，有领唱、合唱、齐唱、伴唱等多种形式，互相紧密配合，是名副其实的合唱。据推测，合唱比独唱优越得多，因为它包含的信息多；合唱声音洪亮，传播的距离远，能吸引较多的雌蛙前来，所以蛙类经常采用合唱形式。由此可见，青蛙还是很有心机的一种动物啊！

◎运动健将

你别看青蛙表面上傻傻呆呆的，它可聪明着呢！它的眼睛鼓鼓的，头部呈三角形，爬行动作很迟钝，但是它的弹跳力可是一流的。当你稍一走近，它们就会跳起，这一跳的距离可有它体长的 20 倍。而且它还是一个游泳高手，因为我们游泳中的蛙泳姿势就是跟它们学来的。有时候，动物还真是人类最好的老师。

▶ 知 识 窗

　　青蛙看着笨笨的，可是它却是伪装高手。青蛙除了肚皮是白色的以外，头部、背部都是黄绿色的，上面有些黑褐色的斑纹。有的背上有三道白印。青蛙为什么呈绿色？原来青蛙的绿衣裳是一个很好的伪装，当它在草丛中的时候几乎和青草一个颜色，这样可以防止自己被敌人发现。

　　青蛙头上有两只圆而突出的眼睛，一张又宽又大的嘴、舌头很长。身体的背上是绿色带有深色条纹，腹部是白色。身体下面有四条腿，前腿短，后腿长，脚趾间有蹼。这样方便它来回于水陆两地。

┌─────────────────────────────────────┐
│　　　　　　　　| 拓展思考 |

1. 青蛙大约有多少种？
2. 青蛙一般生活在哪些地方？
└─────────────────────────────────────┘

青少年应该知道的动物百科知识

泽 蛙

Ze Wa

泽蛙是脊索动物门、脊椎动物亚门、两栖纲、无尾目、蛙科、蛙属的一种。泽蛙俗称"梆声蛙""乌蟆""虾蟆仔"。经常可以在田野池塘及丘陵见到它们。该物种的模式产地在爪哇。泽蛙外形似虎纹蛙而体形小，体长50～55毫米。趾间半蹼。吻部较尖，上下唇有6～8条黑纵纹；两眼间有"V"字形斑，肩部一般

※ 泽蛙

有"W"字形斑，有的还有宽窄不一的青绿色或浅黄色脊线纹。背面灰橄榄色、深灰色或棕褐色，有的杂以赭红、深绿色斑；无背侧褶，有许多分散排列、长短不一的纵肤棱。雄蛙有灰黑色单咽下外声囊，鸣声响亮，生活在稻田、沼泽、菜园附近。

◎分布地区

泽蛙广泛分布在日本和东南亚地区，在中国分布于秦岭以南的平原和丘陵地区，海拔2000米的山区也有分布，最常见，数量较多。国外分布：孟加拉国、文莱、柬埔寨、印度、印尼、日本（本州西部、四国和九州和冲绳，并被引入至对马岛和壹岐岛）、老挝、马来西亚、缅甸、尼泊尔、巴基斯坦、菲律宾、新加坡、斯里兰卡、泰国、越南、菲律宾、也可能产于不丹。中国：分布在台湾、香港、澳门、河北、山东、西藏、江苏、浙江、安徽、福建、江西、河南、湖北、湖南、广东、广西、海南、四川、云南、贵州、陕西、甘肃。

◎生长繁殖

高纬度地区的泽蛙，一般秋季就开始冬眠，4月出蛰后产卵，产卵期可以延长到9月份。在南方，1只雌蛙年产2～3批卵。卵大都产于水层

较浅的静水域中，一般沉入水底。在产卵时，抱对的雌雄泽蛙先将头部潜入水中，仅肛部露于水面。排出 20～70 枚卵以后，雄蛙用足猛然将卵蹬离肛部。这样的产卵动作一般连续 6～7 次。卵小，卵径约 1 毫米。蝌蚪的背部为橄榄绿色，有棕褐色麻点，尾细弱，末端尖细，尾鳍上下缘有若干黑色短横斑。卵和蝌蚪适应能力强，水温 40℃时仍能正常发育，而且速度很快。一般 35～45 天完成变态，有的在 3 周内完成。泽蛙主要食物是害虫，因而对消灭农田害虫起积极作用。但有时也捕食少量有益的动物。泽蛙原是长江下游主要水稻产区最常见的蛙类，近年来，由于该地区改变水稻栽培方法，普遍使用除草剂、杀虫剂，加上水体大面积污染等原因，导致泽蛙数量急剧减少，应当引起人们的注意与关切。

▶知识窗

　　蛙类在口腔内的前沿长有一条布满粘液的长舌头，舌头前端分叉，平时不用时，舌尖朝向喉部倒放在口腔内，当它一旦看到了捕食对象，立即张开口把长舌向对方"射出"，由于舌头上有粘液，舌头接触到食物后立刻被黏住，舌头随即将其卷好送到口腔内的喉部，口腔此时闭合。剩下的动作就是蛙吞咽食物了。

　　蛙的口腔边缘长有小而密的角质齿，用手摸可以明显感觉到角质齿的存在与作用。当蛙的口腔闭合时，吞入的食物不能从口腔逃脱；即使是一条没有完全吞入的昆虫幼虫或蚯蚓，由于有角质齿的咬合而无法挣脱，这些被捕获的食物只有被青蛙慢慢吞掉的命运。

拓展思考

1. 泽蛙分布在哪里？
2. 泽蛙以什么为食？

金线蛙

Jin Xian Wa

金线蛙为无尾目、蛙科、蛙属的两栖动物，分布在河北、山东等地。体长 50 毫米（雄体略小），体型肥硕，头长约等于头宽，吻端钝圆。鼓膜大而明显棕黄色，颞褶不显著。背部为绿色杂有一些黑色斑点，有两长条褐色斑，从吻端一直延伸到泄殖腔口，形成明显的绿色的背中线。体侧绿色有些黑斑，两侧各有一条粗大的褐色、白色或浅

※ 金线蛙

绿色的背侧褶。皮肤光滑，但是在它的背部及体侧有些疣粒。腹部光滑，黄白色带有一些棕色点。前肢指细长无蹼。后肢粗短有黑色横带，趾间蹼发达为全蹼。股部内侧黑色有许多小白斑。雌蛙体型比雄蛙大很多。雄蛙有一对咽侧内鸣囊，第一指有婚垫。

◎分布地区

侧褶蛙属现在有 22 种，中国已知的有 8 种，广泛分布于古北界和东洋界地区，除西藏和海南省（区）外均有分布，其中的金线蛙种组三个物种为分布广、数量较多，主要分布在我国东部地区，是我国常见蛙类之一，也是我国经济价值较大的蛙类资源。主要鉴别特征是：头侧及体侧多为绿色，背面绿色或橄榄绿色，有 2 条棕黄色的背侧褶，背侧褶几乎与眼睑等宽，股后方有黄色的褐色的纵纹，腹面为黄色或浅黄色，趾间近全蹼。雄蛙在咽侧有 1 对内声囊，雄性第 1 趾基部内侧有指垫。生活于平原地区的池塘、湖沼、鱼塘、荷花池等水生植物较多的自然水体内，分布地为河北、山西、山东、河南、湖南、湖北、安徽、江苏、浙江。

◎生活习性

金线蛙在 1000 米以下的开垦地沼泽环境，数量及分布范围逐渐减少。水栖性，喜欢在长有水草的蓄水池或者遮蔽良好的农地里藏身，例如飘着浮萍的稻田、芋田或者茭白笋田。繁殖期以春天及夏天为主，生性隐秘机警，多半藏身在水生植物的叶片下，仅露出头来观察四周的动静，若受到干扰马上跳入水中。雄蛙叫声很小，很短促的一声"啾"，不容易听到。平常也栖息在水域，以水生动物为食。卵粒小，卵径约 1 毫米。每次产卵约 850 粒，聚成块状。蝌蚪褐绿色，有许多深褐色斑点。

◎生长繁殖

金线蛙形态指标都和它的体长呈正相关，金线侧褶蛙雌体的体长和体重均显著大于雄体。雌蛙怀卵量与自身体重和体长成正相关，表明该蛙也通过增加个体大小增加繁殖输出。金线蛙自受精卵期至鳃盖完成期共分为26 个时期，其发育历程及各时期胚胎外形特征与已知的无尾两栖类胎胚发育大同小异，并无明显的差异。

▶知 识 窗

由于青蛙的眼睛对运动的东西很灵敏，对不动的东西却无动于衷，所以，青蛙的眼睛可以识别不同的图像。它可以在各种形状的飞动着的小动物里，立即识别出它最喜欢吃的苍蝇，而那些飞动着的小动物静止不动的背景却在青蛙眼里没有反应，同时，也对那些"有很大的阴影的快速运动"的天敌特别敏感。而对与它的生存没有意义的事物，如不动的或摇动的树木和草叶则都没有反应。就是说，蛙眼不像照相机，可以一点不漏地把镜头前的景物统统照下来，它只能看到对它有用的景物。而且青蛙的眼睛能够敏捷地发现运动着的目标，迅速判断目标的位置、运动方向和速度，并且立即选择最好的攻击姿态和攻击时间。总的来说，青蛙眼睛主要带来的方便，其一是为了捕食，其二是为了逃生。

| 拓展思考 |

1. 金线蛙的体形特征是什么？
2. 金线蛙栖息于哪些地方？

饰纹姬蛙

Shi Wen Ji Wa

饰纹姬蛙属于两栖动物两栖纲姬蛙属姬蛙科无尾目，体长 2 厘米左右；灰棕色背面，有两条深棕色纹，由两眼睑间延伸到身体后端，四肢都有横斑，白色腹面；鼓膜不显著，趾间有微蹼；雄蛙在咽下有单个外声囊。体型较小的蛙类，体长一般在 3 厘米以下。背部比较光滑，只有少量分散的小疣粒。背部有对称排列的灰棕色斜纹。常在草丛中；在田边和水塘附近活动扑食，有时在路边草丛也常见。以昆虫为食，常食白蚁，小型鞘翅目昆虫等。

※ 饰纹姬蛙

◎分布地区

分布于台湾岛，广泛分布于中国大陆西北，华中，华南，华东和西南；云南省分布于滇南，滇中，滇西和滇东北部分地区。常栖息于水田或水塘中及水域附近草丛。

世界上大约有4300多种不同类型的青蛙和蟾蜍。它们是两栖动物中个头最大的一族。它们的栖息地令人惊奇，不仅有湖泊，沼泽和其他湿地，而且还包括草地，山地甚至沙漠。蛙类属无尾目，此目主要特征是：身体短宽，四肢比较长；幼体有尾，成体无尾；跳跃型活动；幼体为蝌蚪，从蝌蚪到成体的发育中需经变态过程。其各数量约有2500种，我国的蛙类有130种左右，南方深山密林种类较多。

拓展思考

1. 饰纹姬蛙有什么特点？
2. 饰纹姬蛙有什么生活习性？

青少年应该知道的动物百科知识

哺乳类动物

BURULEIDONGWU

第五章

  哺乳类动物是指脊椎动物亚门下哺乳纲的。用肺呼吸空气的温血脊椎动物，由于它们能够通过乳腺分泌乳汁来给幼体哺乳而得名。哺乳类动物是一种恒温、脊椎动物，身体有毛发，大部分都是胎生，由乳腺哺育后代。哺乳动物是动物发展史上最高级的阶段，也是与人类关系最密切的一个类群。

狼

Láng

※ 狼

狼的外形与狗很相似，其嘴略显尖长，口稍宽阔，耳竖立不曲。尾挺直状下垂，毛色棕灰。栖息范围广，适应性强，凡山地、林区、草原、荒漠、半沙漠以至冻原均有狼群生存。中国除台湾、海南以外，各省区均产。狼既耐热，又不畏严寒，夜间活动。嗅觉敏锐，听觉良好。性残忍而机警，极善奔跑，常采用穷追方式获得猎物。狼是肉食性动物，能耐饥，亦可盛饱，主要以鹿类、羚羊、兔等为食，有时亦吃昆虫、野果或盗食猪、羊等。

◎狼之起源

狼的生命力很强，在距今约500万年开始起源于地球，在漫长的进化过程中，很多动物都灭绝，但狼却生存了下来。

◎外形特征

狼的外形特征根据其种类不同，有郊狼（外形小）、森林狼（中）、草原狼（大），吻尖长，眼角微上挑。因为产地和基因不同，所以毛色也不同。常见灰黄两色，还有黑红白等色，个别还有紫蓝等色，胸腹毛色较浅。腿细长强壮，善跑。灰狼的体重和体型大小各地区不一样。一般来说，体重32～62千克。外形最小的狼要数阿拉伯狼，雌性的狼有的体重可低至10千克狼群适合长途进行捕猎，其强大的背部和腿部，能有效地舒展奔跑。

◎生活习性

狼是群居动物，一般有 5～12 只生活在一起，在冬天寒冷的时候最多可到 40 只左右，通常以家庭为单位的家庭狼由一对优势对偶领导，而以兄弟姐妹为一群的则以最强的一头狼为领导。狼群有领域性，且通常也都是其活动范围，群内个体数量若增加，领域范围会缩小。群之间的领域范围不重叠，会以嚎声向其他群宣告范围。幼狼长大后会留在狼群照顾其他成员，也可能成为狼群下一位首领。有的则会迁移出去（大多为雄狼）而还有一些情况下会出现迁徙狼，以百来头为一群，有来自不同家庭等级的各类狼，各个小团体原狼首领会成为头狼，头狼中最出众的则会成为狼王。野生的狼一般可以活 12～16 年，狼的奔跑速度极快，可达 55 千米左右，持久性也很好。它们有能力以速度 10 千米／小时长时间奔跑，并能以高达近 65 千米／小时速度追猎冲刺。如果让狼与猎豹一起长跑，它的速度会超过猎豹，狼的智能也颇高，可以通过气味、叫声来相互沟通。

◎生长繁殖

一般情况下，雄狼的孕期有 62 天左右，低海拔的狼一月交配，高海拔则在四月交配。小狼两周后睁眼，五周后断奶，八周后被带到狼群聚集处。

狼群也有等级之分，占统治地位的雄狼可以随心所欲和雌狼进行繁殖，处于低下地位的个体则不能自由选择。雌狼产子于地下洞穴中，雌狼经过 63 天的怀孕期，生下 3～9 只小狼，多的时候也可能生十几只。没有自卫能力的小狼，要在洞穴里过一段日子，公狼负责猎取食物。小狼在前六个月多是吃奶，但是一个半月也可以吃些碎肉，三、四个月大的小狼就可以跟随父母一道去猎食，半年后，小狼就学会自己找食物吃了。狼的寿命大约是 12～14 年。在群体中成长的小狼，非但父母呵护备至，而且，族群的其他分子也会爱护有加。狼和非洲土狼会将杀死的猎物，撕咬成碎片，吃下腹内，待回到小狼身边时，再吐出食物反哺。赤狼还会在狼群中造一育儿所，把幼狼都集中到一起抚养，由母赤狼轮流照看，毫无怨尤。因此说，狼的家庭观念极强。

◎行为模式和身体语言

通常情况下，如果一匹狼占主导地位，它会表现出挺身，腿直，神态坚定，耳朵是直立向前，往往尾部纵向卷曲朝背部。这种动作显示的是级别高，主导地位的狼可能一直盯着一只唯唯诺诺的地位低下的狼。这是狼群独特的交流方式。

活跃——狼在玩耍时，会将身子伏低，耳朵向两边张开，有时会快速伸出舌头，主动舔舐。

愤怒——当狼将两只耳朵竖起时，表明它正处于愤怒状态，这时狼的背毛也会竖立，唇可卷起或后翻，门牙露出，有时也会弓背或咆哮。

恐惧——狼在面对强大的对手时，会试图把它的身子显得较小，从而不那么显眼，或拱背防守，尾收回。

▶ 知识窗

狗是人类日常生活中最常见的动物，而狗实际上是被驯化了的狼的后代。狗的祖先是东亚的狼。科学家在对来自于欧洲、亚洲、非洲和北美洲的上百只狗进行 DNA 分析后发现，世界上所有狗的基因都有着相似的基因序列，因此他们得出结论，世界上所有的家狗都是在大约 1.5 万年前，从东亚狼进化而来的。这些家狗的先辈们和美洲最早的定居者通过白令海峡，一起穿越亚洲和欧洲到达美洲的。

拓展思考

1. 狼和狗的区别有哪些？
2. 狼群一般由多少只狼组成？

青少年应该知道的动物百科知识

田鼠

Tian Shu

田鼠是仓鼠科的一类，包括五属，与其他老鼠比较，田鼠的体型较结实，尾巴较短，眼睛和耳较小。田鼠可以在多种环境下生活。大多田鼠为地栖种类，它们挖掘地下通道或在倒木、树根、岩石下的缝隙中做窝。有的白天活动，有的夜间活动，也有的昼夜活动。多数以植物性食物为食，有些种类则吃动物性食物。喜欢群居，没有冬眠。每年繁殖 2～4 次，每胎产仔 5～14 只，寿命约 2 年。它们的牙齿没有牙脚，并会持续生长，因此需要啃东西来把牙齿磨短。田鼠体型粗笨，多数为小型鼠类，个别达中等，如麝鼠，体长约 30 厘米，体重约 1800 克；四肢短，眼小，耳壳略显露于毛外；尾短，一般不超过体长的一半，旅鼠、兔尾鼠、鼹形田鼠则甚短，不及后足长，麝鼠的尾因适应游泳，侧扁如舵；毛色差别很大，呈灰黄、沙黄、棕褐、棕灰等色；臼齿齿冠平坦，由许多左右交错的三角形齿环组成。共 18 属 110 种，广泛分布于欧洲、亚洲和美洲。中国有 11 属 40 余种。

※ 田鼠

◎生活习性

栖息环境从寒冷的冻土带一直到亚热带，有栖息于草原、农田的田鼠和兔尾鼠；也有栖息于森林的林鼠和林旅鼠；还有栖息于高山的高山鼠；以及适于半水栖湿地的水鼠和麝鼠。某些种类因适应特殊的环境，形态上产生了某些相应的特化。如以地下生活为主的鼹形田鼠，四肢短粗有力，爪发达，门齿粗壮，适于挖掘复杂的洞道，而眼、耳壳则很小；适于水栖的种类，后足趾间具半蹼，尾侧扁，利于游泳。田鼠多为地栖种类，它们挖掘地下通道或在倒木、树根、岩石下的缝隙中做窝。有的白天活动，有的夜间活动，也有的昼夜活动。多数以植物性食物为食，有些种类则吃动物性食物。喜群居。不冬眠。田鼠中的一些种类数量变动很大。旅鼠在数量高时还有迁徙的习性。每年繁殖 2～4 次，每胎产仔 5～14 只，寿命约 2 年。

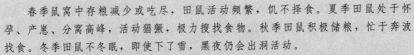

▶知 识 窗

春季鼠窝中存粮减少或吃尽，田鼠活动频繁，饥不择食。夏季田鼠处于怀孕、产息、分窝高峰，活动猖獗，极力搜找食物。秋季田鼠积极储粮，忙于奔波找食。冬季田鼠不冬眠，即使下了雪，黑夜仍会出洞活动。

当种群密度大时，有的田鼠会出现肝脏退化和神经错乱，甚至自相残杀。这种现象在生物学上叫做种内斗争，这对田鼠种群的生存是有利的。田鼠的繁殖能力很强，一只雌鼠年产 6～8 窝，每窝 10～20 只，而幼鼠 2～3 个月又能生育。

▶拓展思考◀

1. 田鼠如何控制种群数量？
2. 田鼠密度大时会出现哪些情况？

猎豹
Lie Bao

猎豹又被叫做印度豹，属猫科动物，主要分布在非洲与西亚。同其他猫科动物不同，猎豹依靠速度来捕猎，而非偷袭或群体攻击。猎豹是陆上奔跑最快的动物，全速奔驰的猎豹，时速可以超过 110 千米。猎豹是陆地上奔跑速度最快的动物，同样也是猫科动物成员中历史最久，最独特和特异化的品种。

※ 猎豹

◎猎豹的外形

猎豹的外形与其他的猫科动物的外形不怎么相像。猎豹的头比较小，鼻子两边各有一条明显的黑色条纹从眼角处一直延伸到嘴边，就像两条泪痕，这也是它们区别于其他大猫们的最显著特征之一，这两条黑纹有利于吸收阳光，从而使视野更加开阔。它们的身材修长，体形精瘦，身长约 140～220 厘米，高度约 75～85 厘米。猎豹的四肢很长，还有一条长长的尾巴，毛发呈浅金色，上面点缀着黑色的实心圆形斑点，背上还长有一条像鬃毛一样的毛发，有些种类的猎豹背上的深色"鬃毛"相当明显，而身上的斑点比较大，像一条条短的条纹，这种猎豹被称之为"王猎豹"。王猎豹曾被认为是一个独立亚种，但后来经研究发现，它们独特而美丽的花纹只是基因突变的产物。猎豹四爪类似狗爪，因为它们不能像其他猫科动物一样把爪子完全收回肉垫里，而是只能收回一半。

猎豹身体的长度是 1～1.5 米、尾长 0.6～0.8 米、肩高 0.7～0.9 米、体重 50 千克。雄猎豹的体型略微大于雌猎豹，猎豹的背部是淡黄色。腹部的颜色比较浅，通常是白色的。

◎猎豹的寿命

猎豹到底能活多少年呢？研究人员利用无线电颈圈发现，野外猎豹的寿命一般是 6.9 年。但是在人工圈养状态下，猎豹可能生存 11.7 年。在动物界里面，猎豹的系统分类定位是这样，它是属脊索动物门、哺乳纲，就是它是属于哺乳动物的一员。属于食肉目，它也属于食肉动物的一员。猫科、猎豹亚科、猎豹属，猎豹是它的种。它有两个亚种，一个是非洲亚种，一个是亚洲亚种。非洲亚种比较多，还有 9000～1.2 万头。亚洲亚种比较少，它主要生活在伊朗，现在还有 300 头左右。根据研究人员的分析，猎豹与美洲虎、金猫大约是在 550 万年前出现的，就是在地球上出现，而狮、虎、美洲狮大约是在 160 万年前才出现。

猎豹与豹的不同点在于，猎豹不会上树，而豹可以上树。豹能上树，因为猎豹的爪子生在外面，不善于攀岩，所以不能上树，最多是上一些已经倒伏的倒木。所以在非洲，有时候看见有些猫科动物，就像猎豹一样的猫科动物，如果是伏在树上休息，或者是等候猎物，以为是猎豹，实际上不是的，那是豹子。一位美国科学家研究发现，现今世界上的猎豹都是一些亲缘关系比较近的个体，就是说这些猎豹，都是有一些亲缘关系比较近的个体、近交产生的后代。

因为猎豹是近交的后代，所以，它们的个体遗传结构非常相似，这也就是说，猎豹的基因构成很相似，就像双胞胎一样。这里面就有一个相关的问题，一般来说的话，人们特别希望能够多保存一些遗传多样性，希望一个物种的遗传结果差异更大一些。那像猎豹这样的物种，它的遗传结构已经非常小。但是它在野外能够生存下来，目前也没有任何症状。表示这种物种，它没有因为近交在衰退，所以说这是个很奇怪的现象。通常情况下，如果一个物种的个体组织是高度近交组成的，那么它的生存能力就应该很弱，可猎豹却不是。

◎猎豹的生活

　　猎豹的生活很有规律，它们通常是在日出的时候就开始捕猎，日落休息。一般是早晨五点钟前后开始外出觅食，它行走的时候比较警觉，不时停下来东张西望，观察有没有可以捕食的猎物。另外一点，它也防止其他的猛兽捕食它。它一般是午间休息，午睡的时候，它每隔 6 分钟就要起来查看一下，看看周围有什么危险。一般来说，猎豹每一次只捕杀一只猎物，每一天行走的距离就是大概 5 千米、最多走十多千米。虽然它善跑，但是它的行走距离并不远。猎豹奔跑的速度惊人，如果让人类的短跑世界冠军与猎豹进行百米比赛的话，猎豹可以让这个世界冠军先跑 60 米，最后到达终点的是猎豹，而不是这个短跑世界冠军。它为什么跑这么快呢？这与它的身体结构有关，一个原因是它的腿长，身体很瘦。另外一个是猎豹的脊椎骨十分柔软，容易弯曲，像一根大弹簧一样。就是它跑起来的时候，大家可以看到，它前肢和后肢都在用力，而且身体也在奔跑中间一起一伏，所以跑得非常快。猎豹在捕捉猎物的时候，需要急转弯，在那样的速度下转弯，很容易摔倒，而它那条大尾巴就起了平衡的作用，不至于摔倒。

　　值得一提的是，猎豹虽然跑得快，但这对它的整个身体的呼吸系统和循环系统来说，都是一种考验。当它奔跑速度达到 110 千米以上的时候，它的呼吸系统和循环系统都在超负荷运转。当动物机体运动的时候，它体内会产生大量的热。动物必须把这些热排出去，就像人类一样，人类运动跑步的时候要大量地出汗，或者喘气。一方面是吸进氧气，一方面是通过出气，也排出一部分热量，通过排汗也排出一部分热量。可是猎豹无法在短时间内把体内囤积的热量排出去，因此很容易出现虚脱症状，所以猎豹一般只能短跑几百米，它就减速了。要不然它身体就会因过热而虚脱。所以这种奔跑是很伤元气的，有时候就是猎豹抓住了猎物，因为它刚才跑得太快，所以它那个时候也没办法进食，必须要休息一下，或者喘喘气，才能开始进食。这个时候是猎豹最脆弱的时候，很可能它的猎物被附近的狮子或者豹子抢走，甚至它自己还有生命之忧。如果碰到一只饥饿的狮子，或者一群很久没进食的狮子，它们很可能把猎豹作为自己的捕食对象。

　　猎豹有锋利的牙齿，但与其他大型猫科动物相比，它们的牙齿就显得比较小。猎豹的头比较小，这样，它的上颌相对来说也比较小，所以它不可能长很长的齿根。另外它的牙就不可能变得很长，大家知道，牙如果很长的话，就需要很长的齿根才不容易断。如果齿根短，牙齿外露的部分长，那么很容易在咬东西的时候折断。所以，猎豹的牙相对来说也是比较小的。所以，猎豹的整个身体结构看起来就是专为奔跑速度而设计的，是自然选择迫使它变成这个样子。一万年前，猎豹的祖先个体还是很大的，但是那些祖先由于不适应环境灭绝了。现在留下来的这些猎豹，它们奔跑的速度都很快，身体结构也发生了很大的变异。因为它跑的时候需要消耗很多的氧，为了吸收更多的氧，猎豹长一个很大的鼻腔。所以它那个头骨里面就没有多少空间来长齿根了，因此它的牙就比较短。

　　在适者生存的大自然中，猎豹常常被一些体型比较大的猫科动物，例如狮子，甚至有可能被狮子咬死吃掉。由于猎豹的牙比较短，所以猎豹有时候还不能用牙来把食物咬死。经常是靠上下颚就是像钳子一样把猎物的脖子钳住，使猎物窒息死亡。

拓展思考

1. 猎豹分布在哪些国家？
2. 猎豹以什么为食？

袋鼠

Dai Shu

袋鼠是一种食草动物，有些袋鼠也吃真菌类。它们大多在夜间活动，也有些在清晨或傍晚活动。不同种类的袋鼠在各种不同的自然环境中生活。例如，波多罗伊德袋鼠会给自己做巢而树袋鼠则生活在树丛中。大种袋鼠喜欢以树、洞穴和岩石裂缝作为遮蔽物。所有袋鼠，不管体积多大，有一个共同点：长着长脚的后腿强键而有力。袋鼠以跳代跑，最高可跳到 4 米，最远可跳至 13 米，可以说是跳得最高最远的哺乳动物。多数袋鼠生活在地面，它们拥有强健的后肢，其独特的跳跃方式能很容易便能将其与其他动物区分开来。袋鼠在跳跃过程中用尾巴进行平衡，当袋鼠缓慢走动时，尾巴则可作为第五条腿。袋鼠的尾巴又粗又长，长满肌肉。它既能在袋鼠休息时支撑袋鼠的身体，又能在袋鼠跳跃时帮助袋鼠跳得更快更远。雌性袋鼠腹部有育儿袋，里面有四个乳头，用来喂养小袋鼠，直到它们能在外部世界生存。

袋鼠前肢短小，后肢发达，弹跳提别好，常常以跳代跑。袋鼠一般身高有 2.6 米，体重约有 80 千克。袋鼠图常作为澳大利亚国家的标志，如绿色三角形袋鼠用来代表澳大利亚制造。袋鼠图还经常出现在澳大利亚公路上，那是表示附近常有袋鼠出现，特别是夜间行车要注意，袋鼠的视力很差，加上对灯光的好奇会跳去"看个究竟"。但是因为袋鼠的繁殖率很高，所以即便不小心撞死了也不需要负责，会有专门的人把袋鼠的尸体收走。

袋鼠是群居动物，多的时候可以成百只聚集在一起。袋鼠不会行走，只会跳跃，或在前脚和后腿的帮助下奔跳前行。袋鼠属夜间生活的动物，

※ 袋鼠

通常在太阳下山后几个小时才出来寻食，而在太阳出来后不久就回巢。袋鼠每年会生殖一到二次，小袋鼠在受精 30～40 天左右既出生，非常微小，无视力，少毛，生下后立即存放在袋鼠妈妈的保育袋内。直到 6～7 个月才开始短时间地离开保育袋学习生活。小袋鼠要在一年后才会正式断奶，离开育儿袋，但仍活动在袋鼠妈妈附近，以便随时获取帮助和保护。

◎袋鼠的特征

袋鼠的前肢比较短小，可以抓握一些东西。后肢弹跳力强，受到敌害追逐的时候，它们可以一下子跳出七八米远，跳两米来高。在野外生活的大袋鼠遭遇敌害追赶时，会有它们独特的反击办法，那就是它们背靠大树，尾巴触地，用有力的后腿狠狠地蹬踢跑过来的敌害腹部。

┃知识窗┃

1984 年，两位美国医生从袋鼠的育儿方法得到启示，发明了一种养育早产婴儿的新方法。早产婴儿的生活力很差，过去都是放在医院的暖箱里养育的。没有暖箱，早产婴儿很容易死亡。这两位医生挂一个人工制造的育儿袋，婴儿放在育儿袋里，又温暖，又能及时吃到妈妈的奶。而且，婴儿贴着妈妈的身体，听着妈妈的心跳，生活能力可以大大提高。

┃拓展思考┃

1. 袋鼠最高可跳多少米？
2. 袋鼠主要生活在哪个国家？

蝙 蝠

Bian Fu

蝙蝠在中国传统文化中象征"福气"，除南北极及一些边远的海洋小岛屿外，世界各地都有蝙蝠，在热带和亚热带蝙蝠最多。蝙蝠的颜色、皮毛质地及面型千差万别。蝙蝠的翼是在进化过程中由前肢演化而来，是由其修长的爪子之间相连的皮肤构成。蝙蝠的吻部像啮齿类或狐狸。外耳向前突出，很大，而且活动非常灵活。

蝙蝠是哺乳动物中唯一一类真正能够飞翔的动物。它们中的多数还具有敏锐的听觉定向（或回声定位）系统。狐蝠和果蝠完全食素。大多数蝙蝠以昆虫为食。因为蝙蝠能够捕食大量的昆虫，所以它在昆虫繁殖的平衡中起重要作用，甚至可能有助于控制害虫。某些蝙蝠亦食果实、花粉、

※ 蝙蝠

花蜜；热带美洲的吸血蝙蝠以哺乳动物及大型鸟类的血液为食，这些蝙蝠有时会传播狂犬病。蝙蝠的分布非常广泛，尤其在热带地区，蝙蝠的数量极为丰富，它们会在人们的房屋和公共建筑物内集成大群。

◎蝙蝠的形态

不同种类蝙蝠的体型也存在极大的差距，例如，最大的狐蝠展开双翼后达 1.5 米，而基蒂氏猪鼻蝙蝠展开双翼仅有 15 厘米。蝙蝠的颜色、皮毛质地及脸相也千差万别。除拇指外，前肢各指极度伸长，有一片飞膜从前臂、上臂向下与体侧相连直至下肢的踝部。拇指末端有爪。多数蝙蝠于两腿之间亦有一片两层的膜，由深色裸露的皮肤构成。蝙蝠的外耳很大，并且向前突出，活动灵活。蝙蝠的脖子短；胸及肩部宽大，胸肌发达；而髋及腿部细长。除翼膜外，蝙蝠全身都有毛，背部呈浓淡不同的灰色、棕黄色、褐色或黑色，而腹侧色调较浅。栖息于空旷地带的蝙蝠，皮毛上常

有斑点或杂色斑块，颜色也各不相同。蝙蝠在取食习性上，根据种类的不同而不同，有些为掠食性，有些则有助于传粉和散布果实，吸血蝙蝠对人类有危害，食虫蝙蝠的粪便一直在农业上用作肥料。

◎蝙蝠的生长发育

蝙蝠群的性周期是同步的，所以交配活动大多发生在数周之内。蝙蝠的妊娠期从6、7周到5、6月，许多种类的雌体妊娠后迁到一个特别的哺育栖息地点。蝙蝠通常每窝产1～4只小蝙蝠。小蝙蝠刚出生时无毛或少毛，且在这段时间内没有视觉和听觉。幼仔由亲体照顾5周至5个月，按不同种类决定。

◎蝙蝠的生活习性

几乎所有的蝙蝠都是白天休息，晚上的时候出去觅食。这种习性便于它们侵袭入睡的猎物，而自己不受其他动物或高温阳光的伤害。蝙蝠通常喜欢栖息于孤立的地方，如山洞、缝隙、地洞或建筑物内，也有栖于树上、岩石上的。它们总是倒挂着休息。它们一般聚成群体，从几十只到几十万只。具有回声定位能力的蝙蝠，能产生短促而频率高的声脉冲，这些声波遇到附近物体便反射回来。蝙蝠听到反射回来的回声，能够确定猎物及障碍物的位置和大小。这种本领要求蝙蝠将它们高度灵敏的耳、发声中枢与其听觉中枢紧密结合，蝙蝠个体之间也可能用声脉冲的方式交流，当然，有少部分蝙蝠依靠嗅觉和视觉找寻食物。

有一些种类的蝙蝠可以算是飞行高手，它们能够在狭窄的地方非常敏捷地转身，蝙蝠是唯一能振翅飞翔的哺乳动物，其他像鼯鼠等能飞行的哺乳动物，不是飞行，它们只是靠翼形皮膜在空中滑行！夜晚的时候，蝙蝠靠声波探路和捕食。它们发出人类听不见的声波。当这类声波遇到物体时，会像回声一样返回来，由此蝙蝠就能辨别出这个物体是移动的还是静止的，以及离它有多远。长耳蝙蝠在飞行中捕食昆虫，能将昆虫从叶子上抓下来，因为它们的大耳朵使它能接受回声。

蝙蝠虽然没有大鸟那样的羽毛和翅膀，飞行本领也不能和鸟类相提并论，但其前肢十分发达，上臂、前臂、掌骨、指骨都特别长，并由它们支撑起一层薄而多毛的，从指骨末端至肱骨、体侧、后肢及尾巴之间的柔软而坚韧的皮膜，形成蝙蝠独特的飞行器官——翼手。蝙蝠的胸肌十分发达，胸骨具有龙骨突起，锁骨也很发达，这些均与其特殊的运动方式有关。蝙蝠善于在夜间飞行，但在飞行之前需要借助滑翔，倘若跌落地面，就很难再飞起，它们飞行时会把后腿向后伸，起着平衡的作用。

蝙蝠以冬眠的方式过冬，通常情况下，蝙蝠进入冬眠状态后，新陈代谢降低，心跳和呼吸减慢，体温降低到与环境温度相一致，但冬眠不深，在冬眠期有时还会排泄和进食，惊醒后能立即恢复正常。它们的繁殖力不高，而且有"延迟受精"的现象，即冬眠前交配时并不发生受精。雄性蝙蝠的精子会在雌性蝙蝠的生殖道里度过寒冬，待蝙蝠醒眠后，经交配的雌蝙蝠才开始排卵和受精，然后怀孕、产仔。

蝙蝠在飞行时，可以利用超声波判断前方是否有障碍物。从前很多人说蝙蝠视力差，其实是一个天大的误区。最近已经有不少科学家指出，蝙蝠视力不差，不同种类的蝙蝠视力各有不同，蝙蝠使用超声波，与它们的视力没有必然联系。蝙蝠是哺乳类中古老而十分特化的一支，因前肢特化为翼而得名，分布于除南北两极和某些海洋岛屿之外的全球各地，以热带、亚热带的种类和数量最多。由于蝙蝠其貌不扬的外表，加之属于夜行动物，总让人感到可怕。

知 识 窗

　　蝙蝠根据其种类的不同，食性也有很大的差别。有些种类的蝙蝠喜欢果实、花蜜，有的喜欢吃鱼、青蛙、昆虫，吸食动物血液，甚至吃其他蝙蝠。

　　以昆虫为食的蝙蝠在不同程度上都具有回声定位系统，因此有"活雷达"之称。借助这一系统，它们能在完全黑暗的环境中飞行和捕捉食物，在大量干扰下运用回声定位，发出超声波信号而不影响正常的呼吸。它们头部的口鼻部上长着被称作"鼻状叶"的结构，在周围还有很复杂的特殊皮肤皱褶，这是一种奇特的超声波装置，具有发射超声波的功能，能连续不断地发出高频率超声波。假如蝙蝠在飞行的过程中碰到障碍物，这些超声波就能反射回来，然后由它们超凡的大耳廓所接收，使反馈的信息在它们微细的大脑中进行分析。这种超声波探测灵敏度和分辨力极高，使它们根据回声不仅能判别方向，为自身飞行路线定位，还能辨别不同的昆虫或障碍物，进行有效的回避或追捕。蝙蝠正是依靠自身的回声定位系统，才能在空中盘旋自如，甚至还能运用灵巧的曲线飞行，不断变化发出超声波的方向，以防止昆虫干扰它的信息系统，达到乘机逃脱的目的。

拓展思考

　　1. 蝙蝠以什么来决定飞行路线？
　　2. 蝙蝠在中国有什么象征意义？

骆驼

Luo Tuo

如果单单从外形上区分骆驼的话，有两种，一种是一个驼峰的单峰骆驼，另一种是两个驼峰的双峰骆驼。单峰骆驼比较高大，在沙漠中能走能跑，可以运货，也能驮人。双峰骆驼四肢粗短，更适合在沙砾和雪地上行走。骆驼和其他动物最大的不同点在于，特别耐饥耐渴，人们能骑着骆驼横穿沙漠。骆驼还有着"沙漠之舟"的美称。骆驼的驼峰可以储藏脂肪，当食物短缺时，这些脂肪能够分解成骆驼身体所需要的养分，供骆驼生存需要。骆驼能够连续四五天不进食，就是靠驼峰里的脂肪。另外，骆驼的胃里有许多瓶状的小泡，可以储藏水，这些"瓶子"里的水使骆驼即使几天不喝水，也不会有生命危险。

骆驼的身体结构完全是依照沙漠环境而生长的，它们的耳朵里有毛，这样可以阻挡风沙进入；骆驼有双重眼睑和浓密的长睫毛，用来防止风沙进入眼睛；骆驼的鼻子还能自由关闭。这些"装备"使骆驼一点也不怕风沙。沙地软软的，人脚踩上去很容易陷入，而骆驼的脚掌扁平，脚下有又厚又软的肉垫子，这样的脚掌使骆驼在沙地上能够行走自

※ 骆驼

如，不会陷入沙中。沙漠的冬天十分寒冷，不过骆驼却有相当厚实的皮毛，这些皮毛可以有效地保持体温。骆驼熟悉沙漠里的气候，有大风快袭来时，它就会跪下，旅行的人可以预先做好准备。骆驼的行走速度缓慢，但却可以运送很多东西，它是沙漠里必不可少的交通工具，人们把它看作渡过沙漠之海的航船。

双峰驼的驼峰内可以存储 40 千克的脂肪，这些脂肪会在炎热缺水的情况下分解成骆驼生存所需的营养和水分。骆驼能在 10 分钟内喝下 100多升水，同时排水少，夏天一天中仅排尿一升左右，而且它们要在体温约

40℃时才开始出汗，并不轻易张开嘴巴，这些就使骆驼能在沙漠中坚持8天不喝水也不会渴死。其他动物会在身体缺失水分的情况下抽取自身血液中的水分来补充，但这样会使血液变稠而导致循环速度降低，代谢功能失调而发生中暑。骆驼则以肌肉中的水分来平衡。双峰驼交配期在1～2月，单峰驼则在雨季，这时雄性变得好斗。单峰驼孕期12月，双峰驼13月，哺乳期3～4个月。小骆驼在刚出生的时候就很强壮，一天就可以跟着母亲到处跑，双峰驼喜结小群，可吃任何植物，春秋分别在分布区南北迁徙。

◎骆驼的峰里是什么

很多人都认为骆驼的驼峰里存储了很多的水，正因为这样骆驼才能在沙漠中长时间行走。但事实上，驼峰中储存的是沉积脂肪，不是水袋。脂肪被氧化后产生的代谢水可供骆驼生命活动所需。也有人提出，驼峰实际存储的是"固态水"。经测定，1克脂肪氧化后产生1.1克的代谢水，一个45千克的驼峰就相当于50千克的代谢水。但事实上脂肪的代谢不能缺少氧气的参与，而在摄入氧气的呼吸过程中，从肺部失水与脂肪代谢水不相上下。也就是说，骆驼的骆峰不具备固态水储存器的作用，而仅仅是一个能量储存库，它为骆驼在沙漠中长途跋涉提供了能量消耗的物质保障。

※ 骆驼

※ 骆驼

骆驼的瘤胃被几块肌肉块分割成若干个盲囊，这就是所谓的"水囊"。有人认为骆驼一次性饮水后胃中储存了许多水，因此才不会感到口渴。而实际上那些水囊，只能保存5～6升水，而且其中混杂着发酵饲料，呈一种黏稠的绿色汁液。这些绿汁中含盐分的浓度和血液大致相同，骆驼很难利用胃里的水。而且水囊并不能有效地与瘤胃中的其他部分分开，也因为太小不能构成确有实效的储水器。可是，当人们解剖骆驼时发现，骆驼身上除了驼峰和胃以外，再没有其他可供储水的专门器官了，因此可断定，骆驼没有储水器。

▶知识窗

　　骆驼的性情暴怒，尤其是在发情期。发怒时口喷唾液，并会咬人、踢人，十分危险。骆驼原产于北美，约在 4000 万年前左右。后来其分布范围扩大到南美和亚洲，而在其产地则消失了。虽然双峰驼行进速度仅为每小时 3～5 千米，但能长时间背负重物，每日可行 50 千米。单峰驼腿更长些，人骑坐时能保持每小时 13～16 千米的速度达 18 个小时。骆驼的取食很广泛，它们能以沙漠植物中最粗糙的部分为食，也吃那些多刺植物、灌木枝叶和干草，但如果有更好的食物，它们也乐意取食。骆驼体内水分丢失缓慢，脱水量达体重的 25% 仍无不利影响。骆驼能一口气喝下 100 升水，并在数分钟内恢复丢失的体重。通常，骆驼会根据季节的不同变换毛发，冬季生长出蓬松的粗毛，到春天粗毛脱落，身体几乎裸露，直到新毛开始生长，骆驼的寿命为 30～40 年。

拓展思考

1. 骆驼最长可以多久不喝水？
2. 骆驼为什么可以长时间不喝水？

熊
Xiong

熊 属于大型哺乳动物，主要以肉食为主。躯体强壮，四肢有力，头圆颈短，眼小嘴长。行动缓慢，地栖生活，善于爬树，也能游泳。嗅觉、听觉较为灵敏。熊的种类非常少，全世界仅有 7 种，我国有 4 种，分别是：马来熊、棕熊、亚洲黑熊、大熊猫。除澳洲、非洲南部外，多有分布。

※ 熊

◎外形特征

熊的外形憨态可掬，躯体粗壮肥大，体毛又长又密，脸型像狗，头大嘴长，眼睛与耳朵都较小，臼齿大而发达，咀嚼力强。四肢粗壮有力，脚上长有 5 只锋利的爪子，用来撕开食物和爬树。尾巴短小。熊平时用脚掌慢吞吞地行走，可是每当要追赶猎物的时候，它会跑得很快，而且后腿可以直立起来。熊的尾巴很短，嗅觉极佳，五爪无法收缩，毛发长、密、粗，刚出生时，它的人小与天竺鼠差不多，至少要与母亲生活一年。

熊的听觉与视力很差，它们的牙齿是用来防御和当作工具，爪子可以用来撕扯、挖掘和抓取猎物。熊氏家庭成员体型差别较大，块头有大有小。最大的是棕熊（约780千克），北极熊次之（约700千克），然后是美洲黑熊（约220千克）、亚洲黑熊（约150千克）、懒熊（约140千克）、眼镜熊（约140千克）、马来熊（约60千克）。速度最快的要数灰熊，它们的时速可以达到48千米/时，棕熊在崎岖的山路上，速度可以达到30千米/时，所以，千万不要错以为熊的速度比人慢。

◎生活习性

熊为杂食性动物，它们既吃苔藓、青草、浆果、嫩枝芽和坚果，也到溪边捕捉蛙、蟹和鱼，掘食鼠类，掏取鸟卵，更喜欢舔食蚂蚁，还会吃蜂蜜，甚至袭击小型鹿、羊或觅食腐尸。

并不是所有的熊都有冬眠的习性，生活在北方寒冷地区的熊需要冬眠，不过生活在亚热带和热带地区的黑熊往往不冬眠。熊冬眠时间可持续4～5个月，在冬眠过程中如果被惊动它会立即苏醒，偶然也会出洞活动。熊冬眠的洞穴一般选在向阳的避风山坡或枯树洞内。熊除了在冬眠期和发情交配期外，没有固定的栖息地，它们大部分时间都单独活动。母熊一般1年产1～4崽。

熊的性情温和，一般情况下不会主动攻击他人，而且愿意避免冲突，但当它们认为必须保卫自己或自己的幼崽、食物和地盘时，也会变成非常危险而可怕的野兽。

爱吃植物的眼镜熊：它们主要产于南美，又叫南美熊、安第斯熊，是现在唯一分布于南半球的熊，也是最爱吃植物性食物的一种熊，吃各种果、叶、根、茎，很少吃昆虫，因眼睛四周有白圈而得名。眼镜熊善于爬高，爬树是它们的强项，通常独自活动，偶以小家庭为单位，共住在一棵大树上。

高度近视的亚洲黑熊：亚洲熊主要分布于中国、日本、印度、俄罗斯等国家。它们又被称为狗熊、月熊、黑瞎子。可是为什么叫它"瞎子"呢？因为它天生近视，百米之外的东西看不清楚，不过它的耳、鼻灵敏，顺风可闻到0.5千米以外的气味，能听到300步以外的脚步声。别看它外表愚拙，实际上机警过人。平时黑熊以植物为主食，在秋季却大吃昆虫等动物性食品，在体内储存大量脂肪准备在树洞里冬眠。亚洲黑熊的专长是爬树、游泳，因为眼神不济，所以练就了一身昼夜都行动自如的本领。

胃口极好的棕熊：棕熊的分布十分广泛，遍布亚、欧、北美三大洲，其中阿拉斯加棕熊最大，最重近 800 千克，它站立起来有两人高，是现存世界上最大的食肉目动物。而叙利亚棕熊却很小，体重不足 90 千克。我国的棕熊一般在 200～500 千克。棕熊的胃口极好，荤的、素的都能吃，小到昆虫、植物、鱼类，大到鹿、羊、牛、都能一概吃下，所以比较凶猛，枪法不好的猎手往往反而会成为棕熊的猎物。

靠"吸尘器"过日子的懒熊：懒熊的嘴可以形象地比喻为吸尘器。下唇很长，且非常灵活，形状像舌头，没有上门牙，嘴可以伸进昆虫藏匿的缝隙中，像吸尘器一下把猎物席卷入口。懒熊的视觉极差，靠嗅觉和听觉活动，所以它选择了夜间出击、白天酣睡的生活作风，于是人称：懒熊。小懒熊通常会骑在母熊的背上来来回回，寸步不离，这种母子感情大大强于其他熊类的母子关系。

▶ 知 识 窗

熊冬眠的主要原因是食物缺乏，如果食物充足，熊就不会放弃狩猎而躲在洞中过冬。小型哺乳类动物在冬眠时体温会急速下降，但熊的体温只会下降约 4 度，不过心跳速率会减缓 75%。熊一旦开始冬眠后，它的能量来源就从饮食转换为体内储存的脂肪。脂肪燃烧时，新陈代谢会产生毒素。但熊在冬眠时，细胞会将这些毒素分解为无害的物质，再重新循环利用。这种生化作用也让熊可以回收体内的水分，因此在冬眠时不会排尿。即使不需要冬眠的北极熊也能够很好地利用这一机制，它们可以不躲到洞里，整个冬天都保持活跃状态。

拓展思考

1. 熊为什么要冬眠？
2. 分布在我国的熊都有哪些种类？

长臂猿

Chang Bi Yuan

猿 类中最细小，动作最灵敏的一种要属长臂猿了，各种长臂猿的分类里，分布在我国的有 5 种，其中包括白眉长臂猿、白掌长臂猿、白颊长臂猿、黑长臂猿和海南黑冠长臂猿，它们都属于我国的一级保护动物。

◎分类

长臂猿与猩猩、大猩猩、黑猩猩一起被称为四大类人猿，其中长臂猿是我国仅有的现生类人猿，它们是仅次于人类的高级灵长类动物。

目前世界上已知的长臂猿总共有 7 种，其中黑长臂猿、白眉长臂猿和白掌长臂猿等生活在我国及附近邻国，都已列入一级保护动物。其中喜欢以家庭方式聚居的白手长臂猿是

※ 长臂猿

分布最广的一种，它们一般都是一雄一雌，再加上最多 4 只幼猿，没有特别的交配期，每胎一仔。成年白手长臂猿体重仅 7 千克。长臂猿一般都比较喜欢喧哗吵闹，尽管长臂猿有非常强的地盘意识，但是就算它们发生什么纷争也不会伤害对方。

◎分布

虽然我国现存有五种长臂猿，可是每一种的数量却都不过是几十或者数百只，濒临灭绝。比如，我国各类长臂猿中数量最多的黑长臂猿数量也只是不到 1000 只，白眉长臂猿仅有 100 多只，海南长臂猿现在不到 20 只，白掌长臂猿和白颊长臂猿自 1980～1994 年后在中国就再没有任何记录了。在不同种类的长臂猿体型习性基本相似，属于镶嵌分布，不同种类

很少出现在同样的地区，只有体型最大的合趾猿和其他种类的长臂猿的分布区大面积重叠，由于分布最广的白掌猿也出现在其他长臂猿的分布区，所以有人推断其他的长臂猿可能都是白掌猿的亚种。我国20世纪70年代在江苏发现的醉猿化石可能属于早期的长臂猿类，但是至今人类还不清楚长臂猿的起源。

◎体态特征

身长没有1米的长臂猿却有着相当长的前臂，它们的双臂展开长达150厘米左右，因为它们站立时手可触地，所以才被人类称为长臂猿。长臂猿生活在高大的树林中，尽管它们在地面上却显得十分笨拙，但是它们在树上的行动却显得灵活敏捷。它们一般都采用"臂行法"在树上行动，它们能够用一只臂膀把自己的身子悬

※ 长臂猿

挂在树枝上，双腿蜷曲，来回摇摆，它们可以像荡秋千一样跨越3米左右的距离从一棵树跳至另一棵树，再加上树枝的反弹力，使它们以惊人的速度跨越到8～9米之外的地方。有时还会看见雌长臂猿身上带着它们的幼仔在树上飞速前进，动作轻松、自然，却让看的人惊心动魄。所以有人说它们是高空中的"杂技演员"。

◎生活习性

长臂猿不仅是高空的"杂技演员"，更是森林的著名"歌唱家"。长臂猿的喉部长有喉囊，又叫音囊，它们喊叫的极其嘹亮，就是因为喉囊可以胀得很大，使它们的喊声开阔。所以它们是哺乳动物中的"歌唱家"，而且它们自己也特别喜欢喊叫，人们可以看到雄兽的"独唱"、雄兽和雌兽的"二重唱"以及它们家庭所有成员的"大合唱"等等。尤其是它们的"大合唱"大有气势磅礴的气场，这个时候一般由成年雄兽作为领唱者，然后成年雌兽相当配合的伴以带有颤音的共鸣，然后群体中的亚成体就会发出应和的声音，它们的音调通常都是由低到高，声音清晰而高亢，震动山谷，几千米之外都能听到。它们的这种习性，既是群体内互相联系，表

达情感的信号，也是对外显示存在，防止入侵的手段。但是，让人可惜的是它们引以为豪的歌声极有可能会给它们带来灭顶之灾，因为可恨的偷猎者会通过它们的歌声判断它们所在的位置。

长臂猿同人类一样也是一种很重感情的动物，因为当猿群中发生受伤、生病或死亡的事情时，它们就会情绪低落，也不会再进行歌唱和嬉闹，算得上是感情最丰富的动物之一了。长臂猿不是群居，因为它们采取的也是典型的一夫一妻制。而且它们每个家庭都会有一个属于自己的很大的领地。

▶ 知 识 窗

人们之所以说长臂猿和人类有亲缘关系，是因为它们和人类有着相当接近的形态构造、生理机能和生活习性。身材较为矮小的它们属于中新世时的上新猿的后代，但由于与人类的亲缘关系十分密切，所以它们不仅是研究从猿到人的进化过程的重要材料，而且是灵长类研究的重要课题。它们与人类的相似让人类都极为震惊，例如都是 32 颗牙齿；胸部都有一对乳头；大脑和神经系统都很发达；在血型方面，拥有除了 O 型以外的 A 型、B 型和 AB 型。它们细胞中的染色体数目只比人类的少一对，人类的 23 对而它们是 22 对。它们的妊娠周期比人类的短，大约为 7 个月；而且它们的雌猿还有着和人类相差不多的月经周期，都是 30 天左右；胚胎发育过程与人类的胚胎保持相似的时间也最长。长臂猿科动物之所以一直都是人类研究动物学、心理学、医学、人类学、社会学等学科的对象之一，就是因为它们与人类有着太多的相似之处。

拓展思考

1. 为什么说人和长臂猿有亲缘关系？
2. 长臂猿为什么要歌唱？

青少年应该知道的动物百科知识

藏羚羊

Zang Ling Yang

藏羚羊是我国珍贵动物之一，也是我国的特产动物，国家一级保护动物，属羚羊亚科动物。主要分布在新疆、青海、西藏的高原上，另有零星个体分布在印度地区。藏羚羊的体形与黄羊很相似，体长 117～146 厘米，尾长15～20 厘米，肩高 75～91 厘米，体重 45～60 千克。主要生活在海拔 4600～6000 米的荒漠草甸高原、

※ 藏羚羊

高原草原等环境中。藏羚羊善于奔跑，最高速度可达 80 千米每小时，寿命最长 8 年左右，羚羊生性胆怯，它们喜欢在早晨或黄昏结小群活动觅食。

◎外形特征

成年雄性藏羚羊脸部呈黑色，腿上有黑色标记，头上长有竖琴状的角用来防御御敌人的进攻。角一般有 50～60 厘米，长而笔直，角尖微、微微内弯，雌性藏羚羊没有角。藏羚羊四只匀称、强健，尾部短而尖，通体毛丰厚浓密，毛比较直，底绒非常柔软。雄羊头颈上的毛呈淡棕褐色，夏天颜色深而冬则浅，腹部为白色，额面和四条腿有醒目的黑斑记，肩高80～85 厘米，体重 35～40 千克。雌羊纯黄褐，腹部白色，肩高 70～75厘米，体重 24～28 千克。藏羚羊生存的地方海拔高，空气稀薄，其两鼻孔内各有一个小囊用来帮助它领养适应高原上稀薄的空气。

◎生活习性

藏羚羊的生活习性错综复杂，一部分藏羚羊喜欢长期定居于一个地方，但同时也有习惯迁徙的羊群。雌性和雄性藏羚羊的活动模式也不尽相同。成年雌性藏羚羊和它们的雌性后代每年从冬季交配地到夏季产羔地迁

徒行程 300 千米。年轻雄性藏羚羊
会离开群落，同其他年轻或成年雄
性藏羚羊聚到一起，直至最终形成
一个混合的群落。

※ 藏羚羊

藏羚羊生存的地区东西相跨约
1600 千米，季节性的迁徙是羚羊的
一种重要的生态特征。因为母羚羊
的产羔地主要在乌兰乌拉湖、卓乃
湖、可可西里湖、太阳湖等地，每
年四月底，雌雄藏羚羊开始分群而居，未满一岁的公仔也会和母羚羊分
开，到五、六月，母羊与它的母仔迁徙前往产羔地产子，然后母羚又率幼
仔原路返回，完成一次迁徙过程。

数十只到上千只不等的羊群，一般生活在海拔 4300～5100 米的高山
草原、草甸和高寒荒漠上，它们生活地区的海拔最低是 3250 米，最高是
5500 米。夏季雌性沿固定路线向北迁徙，6～7 月产仔之后返回越冬地与
雄羊合群，11～12 月交配，每胎 1 仔，有少数种群不迁徙。

◎分布范围

在青藏高原，以羌塘为中心，南至拉萨以北，北至昆仑山，东至西藏
昌都地区北部和青海西南部，西至中印边界，偶尔有少数由此流入印度
境内。

▶ 知识窗

据 1990 年相关部门统计，藏羚羊的数目是 100 万只，而到 1995 年仅剩下了
7.5 万只，数量锐减，以前甚至可以发现有 1.5 万只为一个群体的藏羚羊。经过
执法部门对盗猎藏羚羊行为的严厉打击，现存的藏羚羊总数大约在 10 万只以上。

为了保护藏羚羊以及青藏高原其他的珍稀物种，我国先后成立了金山国家级
自然保护区、羌塘国家自然保护区、可可西里省级自然保护区、三江源自然保护
区等。同时也加大了对非法捕杀藏羚羊犯罪活动的打击力度，加强了法制宣传和
执法力度。

拓展思考

1. 藏羚羊分布在哪里？
2. 藏羚羊的生存都受到哪些威胁？

熊 猫

Xiong Mao

大熊猫身上有独特的黑白相间的毛色，憨态可掬，活泼喜人。大熊猫的种属是一个争论了一个世纪的问题，最近的 DNA 分析表明，现在国际上普遍接受将它列为熊科、大熊猫亚科的分类方法，现在也逐步得到国内的认可。我国传统的分类把大熊猫单列为了大熊猫科。它代表了熊科的早期分支。成年熊猫长约 120～190 厘米，体重 85～125 千克。大熊猫与熊科其他动物的区别在于，它拥有大而平的臼齿，一根腕骨已经发育成了"伪拇指"，这都是为了适应以竹子为食的生活。大熊猫和太阳熊都没有冬眠行为。

◎物种历史

据科研人员调查，大熊猫的祖先出现在 2～3 百万年前的洪积纪早期。后来同期的动物相继灭绝，只剩下大熊猫却孑遗至今，而且保持这原有的古老特征，所以，有很多科学价值，因而被誉为"活化石"，中国把它誉为"国宝"。如今大熊猫分布范围已十分狭窄，仅限于中国的秦岭南坡、岷山、邛崃山、大小兴安岭和凉山局部地区。大熊猫栖息地的巨大变化近代才发生。近几百年中国人口激增和占用土地，大熊猫的很多栖息地都消失了。之前大熊猫栖息的低山河谷现已成了居民点，所以它们只能生活在竹子可以生长的海拔 1200～3400 米之间。

◎外形特征

大熊猫的形体肥硕，头圆尾短。头部和身体上的毛色绝大多数为黑白相间分明，即鼻吻端、眼圈（呈"八"字排列）、两耳、四肢及肩胛部（横过肩部相连成环带）为黑色，其余即头颈部、躯干和尾为白色。腹部淡棕色或灰黑色。其体长 120～180 厘米；尾长 10～20 厘米，白色；肩高一般为 65～70 厘米；体重 60～125 千克。前掌除了 5 个带爪的趾外，还有一个第六趾。背部毛粗而致密，腹部毛细而长。现今已知大熊猫的毛色共有三种：白色、黑白色、棕白色。栖息在陕西秦岭的大熊猫因头部更圆而更像猫，被誉为国宝中的"美人"。

◎生活习性

除了在发情期外，大熊猫的其他时间，大多独自生活生活，昼夜兼行。巢域面积为 3.9～6.4 平方千米不定，个体之间巢域有重叠现象，雄体的巢域略大于雌体。雌体大多数时间仅活动于 30～40 公顷的巢域内，雌体间的巢域不重叠。大熊猫的食物主要是高山上的竹类，偶尔也食用其他植物，甚至动物尸体，日食量很大，每天还到泉水或溪流饮水。

▶ 知识窗

　　大熊猫生活在长江上游的高山深谷里，那里气候温凉潮湿，其湿度常在 80% 以上，故它们是一种喜湿性动物。它们活动的区域多在坳沟、山腹洼地、河谷阶地等，一般在 20° 以下的缓坡地形。这些地方通常土质肥厚，森林茂盛，箭竹生长良好，构成为一个气温相对较为稳定、隐蔽条件良好、食物资源和水源都很丰富的优良食物基地。

拓展思考

1. 熊猫以什么为食？
2. 现今世界上哪些国家的动物园有中国的熊猫？

无
脊椎动物
WUJIZHUIDONGWU

第六章

　　无脊椎动物就是背侧没有脊柱的一类动物，这类动物数占动物总种类数的95%。它们是动物的原始形式。动物界中除原生动物界和脊椎动物亚门以外全部门类型都通称为无脊椎动物。一切无脊柱的动物，占现存动物的90%以上。无脊椎动物分布于世界各地，在体形上，小到原生动物，大到庞然巨物的鱿鱼。一般身体柔软，无坚硬的能附着肌肉的内骨骼，但常有坚硬的外骨骼（如大部分软体动物、甲壳动物及昆虫），用以附着肌肉及保护身体。除了没有脊椎这一点外，无脊椎动物内部并没有多少共同之处。

蚂蚁

Ma Yi

蚂蚁是一种群居动物，它们也是一种有社会性的昆虫，属于膜翅目。蚂蚁的触角明显的膝状弯曲，腹部有一、二节呈结节状，一般都没有翅膀，只有雄蚁和没有生育的雌蚁在交配时有翅膀，雌蚁交配后翅膀就会脱落。蚂蚁的发育需要经过三个阶段：卵、幼虫、蛹。蚂蚁的幼虫阶段没有任何能力，它们也不需要觅食，是完全由工蚁喂养，工蚁刚发展为成虫的头几天，负责照顾蚁后和幼虫，然后逐渐开始做挖洞、搜集食物等较复杂的工作。蚂蚁会根据其不同的种类发展成为不同的体型，个头大的蚂蚁，其头和牙也发展的大，通常负责战斗保卫蚁巢，也叫兵蚁。蚂蚁的体积都比较小，一般 0.5 毫米～3 毫米，颜色有黑、褐、黄、红等，体壁具弹性，光滑或有毛。口器咀嚼式，上颚发达。触角膝状，4～13 节，柄节

※ 蚂蚁

很长，末端 2～3 节膨大。腹部第 1 节或 1、2 节呈结状。前足的距离大，梳状，为净角器（清理触角用）。蚂蚁的外部形态是可分为三个部分：头、胸、腹，有六条腿，头、胸棕黄色，腹部较为肥胖，前半部棕黄色，后半部呈棕褐色。

蚂蚁是一种比较古老的昆虫，它的起源可追溯到 1 亿年前，大约与恐龙同一时代。蚂蚁不但常见而且种类繁多，目前世界上已知的蚂蚁约有 9000 种，估计全部种类应有 1. 2～15 万种，而中国至少有 600 种以上。中国古代很早就有对蚂蚁的记载，汉代初期时的《尔雅》中就有蚍蜉、打蚁、蚁、飞蚁等字，但这里所指的蚁有的与白蚁相混。

◎分布范围

蚂蚁是人们在日常生活中非常常见的昆虫，同时也是地球上数量最多的昆虫种类。由于各种蚂蚁都是社会性生活的群体，在古代通称"蚁"。据现代形态科学分类，蚂蚁属于蜂类。蚂蚁能生活在任何有它们生存条件的地方，是世界上抗击自然灾害最强的生物，为多态型的社会昆虫。蚂蚁的种类很多，据估计，目前大约有 11700 种被逐一描述，尚有更大范围的蚂蚁区系等待着人们去研究。

◎生活习性

蚂蚁习惯住在潮湿而又温暖的土壤里。通常情况下，蚂蚁生活在干燥的地方，但如果将它们放置在水中，也能存活两个星期。蚂蚁的寿命很长，一只普通的蚂蚁能够生存 3～7 年，蚁后则可存活十几年或几十年，甚至 50 多年，一蚁巢在 1 个地方可生长 1 年。

◎生长繁殖

蚂蚁繁衍后代的过程一般要经过：交配、产卵、分窝。当蚁后认为蚂蚁群的数量已经达到一定限度后，就会提前繁殖出雄性蚂蚁和雌性蚂蚁，时机等到成熟后雌性蚂蚁飞出窝巢交配后建立自己的窝巢开始繁殖后代成为一个新的家族。蚂蚁属于完全变态的昆虫，蚁后的受精卵会发育成雌蚁，即未来的蚁后和工蚁，未受精的卵则发育成雄蚁，新蚁后与工蚁的区别是幼年期食物的不同造成的。

◎蚂蚁防治

蚂蚁对温度有着很高的灵敏度，它们大多数时候都是在炎热的夏季活动。它们喜欢香甜的食品，如蛋糕、蜂蜜、麦芽糖、红糖、鸡蛋、水果核、肉皮、死昆虫等。它们能辨别出道路，行动极为匆忙，假如个别工蚁死亡，尸体会被运回蚁穴。蚂蚁耐不住饥饿，如果食物短缺，又没有水，那么经过 4 个昼夜，蚂蚁就会有一半死亡。

※ 蚂蚁

防治蚂蚁最简单而且省时的方法是：用杀灭蟑螂、蚊虫的喷射剂，这些药品均对小红蚂蚁有杀灭功效。不过小红蚂蚁是一种半社会性昆虫，一般的喷射药剂只能杀死群体中出巢活动的工蚁，蚁后、蚁王这些繁殖机器仍在巢中疯狂繁殖。一只蚁后每秒钟能生出 600 只小蚂蚁，因此灭蚁采取全楼集体行动较为理想。最好的方法是选择一种蚂蚁喜欢的食物，并在其涂抹药剂，工蚁将毒饵搬回后，能够使巢内蚁王、蚁后及幼虫中毒身亡，达到全巢覆灭。

▶ 知识窗

相传楚汉争霸时期，刘邦的谋士张良用饴糖作诱饵，使蚂蚁闻糖而聚，组成了霸王自刎乌江 6 个大字，霸王见此以为天意，吓得失魂落魄，不由仰天长叹："天之亡我，我何渡为！"乃挥剑自杀而死。汉高祖刘邦得了天下，蚂蚁助成的故事也就这样流传了下来，而张良正是利用蚂蚁好甜的习性，智取刚愎自用的霸王，可谓兵法妙用，棋高一着定江山。

拓展思考

1. 蚁群中有什么等级制度？
2. 你知道破坏力最强的蚂蚁是哪一种蚂蚁吗？

蝴 蝶

Hu Die

蝴蝶属于鳞翅目，从白垩纪起就随着作为食物的显花植物而演进，并为之授粉，是昆虫演进中最后一类生物。全世界大约有1. 7万多种蝴蝶，其中大部分分布在美洲，尤其在亚马逊河流域品种最多，在世界蝴蝶其他地区除了南北极寒冷地带以外，都有分布，在亚洲，台湾也以蝴蝶品种繁多著名。一般的蝴蝶都是色彩鲜艳，翅膀和身体有各种花斑，头部有一对棒状或锤状触角。最大的蝴蝶展翅可达 24 厘米，最小的只有 1.6 厘米。大型蝴蝶最吸引人，专门有人收集不同的蝴蝶标本，在美洲"观蝶"迁徙和"观鸟"一样，成为一种活动，吸引许多人参加，但却有少部分种类的蝴蝶是农业和果木的害虫。

蝴蝶与蛾的相似之处在于翅、体和足上均覆以一触即落的尘状鳞片。与蛾不同之处在于蝴蝶白天活动、色泽鲜艳或图纹醒目。两者最显著的区别大概是蝶的触角呈棒状，休息时翅折叠与背垂直。它们的生活周期都分为四个阶段：卵、幼虫、蛹、成虫，多数蝴蝶的幼虫和成虫以植物为食，通常只吃特定种类植物的特定部位。

◎形态特征

蝴蝶的触角粗壮，翅膀宽大，它们在停歇时双翅会竖立于背上，体和翅被扁平的鳞状毛覆盖，腹部瘦长，在白天的时候活动。在鳞翅目 158 科中，蝶类有 18 科。蝶类成虫吸食花蜜或腐败液体；多数幼虫为植食性。大多数种类的幼虫都以杂草或者野生植物为食。少部分种类的幼虫因取食农作物而成为害虫。还有极少种类的幼虫因吃蚜虫而成为益虫。蝶类翅色绚丽多彩，人们往往作为观赏昆虫。蝴蝶漂亮的翅膀就像一件雨衣，鳞片里含有丰富的脂肪，能把蝴蝶保护起来，所以即使下小雨时，蝴蝶也能飞行。

◎发育过程

蝴蝶的卵呈圆形或椭圆形，表面上有蜡质壳，这样可以防止水分蒸发，一端有细孔，是精子进入的通路。蝴蝶的品种很多，其卵的大小也有差别，蝴蝶的卵一般产在幼虫喜食的植物叶面上，为幼虫准备好食物。当蝴蝶卵进化为幼虫时，就开始进食，它们会吃掉大量植物叶子。幼虫大多数是肉虫，少数为毛虫。蝴蝶危害农业主要在幼虫阶段。随着幼虫生长，一般要经过几次蜕皮。幼虫成熟后就会变成蛹，一般情况下都会隐藏在植物叶子背面，用几条丝将自己固定住，之后直接化蛹，无茧。待幼虫逐渐成熟后，就会从蛹中破壳而出，但需要一定的时间使翅膀干燥变硬，蝴蝶无法躲避天敌，这个时候属于危险期。翅膀舒展开后，蝴蝶就可以飞翔了，蝴蝶的前后翅不同步扇动，因此蝴蝶飞翔时波动很大，姿势优美，所谓"翩翩起舞"，即来源于蝴蝶的飞翔。成虫以花蜜为食物，有的品种也吸食自然溢出的树汁、水中溶解的矿物质等。一般的蝴蝶会在交配产卵后，在冬季来临之前死亡，但也有的品种会迁徙到南方过冬，迁徙的蝴蝶群非常壮观。

◎分布范围

全世界记录的蝴蝶种类大约有1.7万种，中国约占1300种。蝴蝶的数量以南美洲亚马逊河流域出产最多，其次是东南亚一带。世界上最美丽、最有观赏价值的蝴蝶，也多出产于南美巴西、秘鲁等国。而受到国际保护的种类，多分布在东南亚，如印度尼西亚、巴布亚新几内亚等国。在同一个地区、不同海拔高度就形成了不一样湿度环境和不同的植物群落，也相应形成很多不同的蝴蝶种群。中国云南就是一个很好的地方，在亚洲，台湾和海南也以蝴蝶品种繁多著名。

※ 蝴蝶

◎活动和栖息

蝴蝶幼虫的活动和栖息习性因为它们的虫种而各不相同，从活动时间来看，一般种类都是在早晚日光斜射时出来活动。当然也有例外的，有些种类（如菜青虫等）是在白天活动的，也有一些种类（如许多弄蝶幼虫）是夜出活动的。

从其活动的规律上看，群栖性的蝴蝶幼虫在取食和栖息活动上是保持一致的，它们都集中在一起取食或栖息，中华虎凤蝶就是一例。更有一些蝶类如荨麻蛱蝶的幼虫经常数十成群地在荨麻枝叶间吐丝做成乱网，犹如蜘蛛那样匿居其中，借以防御外敌，而且同时取食和栖息，颇有规律。蝴蝶在幼虫时期的栖息场所非常隐秘，因此，即使刻意到野外寻找，也是一件很不容易的事。

▶ 知 识 窗

　　通常情况下，蝴蝶幼虫咬破卵壳孵化外出以后，有些种类会短暂休息，然后啃食寄主植物；有些种类（例如红眼竹弄蝶）则先行取食卵壳，然后取食植物。还有一些种类的蝴蝶还需取食每次蜕皮时所蜕下来的旧表皮，例如，菜粉蝶和斑缘豆粉蝶等。

　　蝴蝶幼虫的取食现对象因其品种而各有不同，大多数幼虫嗜食叶片；有些种类，例如花粉蝶、橙斑襟粉蝶等嗜食花蕾；还有一些种类蛀食嫩荚或幼果，例如豆荚灰蝶蛀食嫩豆荚，栀子灰蝶蛀食栀子幼果。除此之外，还有少数灰蝶科的幼虫是肉食性的，如蚜灰蝶嗜食咖啡蚧，竹蚜灰蝶专以竹蚜为食，这种肉食性的种类在蝶类中是并不多见的益虫。

　　蝴蝶在取食时，如果是在幼虫初期，会直接啃食叶肉，并将其上表皮残留下来，形成玻璃窗样的透明斑，以后幼虫食叶穿孔，或自叶缘向内蚕食。随着蝴蝶幼虫的逐渐成长，其食量也越来越大，倘若在一株植物上虫口密度很大，则全株被啃食一空。

　　大部分的蝴蝶以花蜜为食，这些蝴蝶不仅只吸花蜜，而且爱好吸食某些特定植物的花蜜，例如蓝凤蝶嗜吸百合科植物的花蜜；菜粉蝶嗜吸十字花科的植物的花蜜；而豹蛱蝶则嗜吸菊科植物的花蜜等等。还有一部分不吸食花蜜的蝴蝶，如竹眼蝶吸食无花果汁液，淡紫蛱蝶吸食病栎、杨树的酸浆。

　　　　　　　　　　拓展思考

1. 蝴蝶以什么为食？
2. 蝴蝶和飞蛾的区别有哪些？

螳 螂

Tang Lang

螳螂，按照螳螂的形体来讲，它属于中至大型昆虫，它的头部呈三角形，而且活动自如，复眼大而明亮，触角细长，颈可自由转动。前足腿节和胫节有利刺，胫节镰刀状，常向腿节折叠，形成可以捕捉猎物的前足；前翅皮质，为覆翅，缺前缘域，后翅膜质，臀域发达，扇状，休息时叠于背上，腹部肥大。除了极地以外，广布世界各地，尤以热带地区种类最为丰富。世界已知的品种大约有 1585 种，中国约有 51 种，其中，广斧螂、欧洲螳螂、南大刀螂、中华大刀螂、北大刀螂、绿斑小螳螂等是中国农、林、果树和观赏植物害虫的重要天敌。

※ 螳螂

◎外形特征

螳螂的身体呈长形，常见的有绿色、褐色，也有一些种类是带花斑的。前足捕捉足，中、后足适于步行。卵产于卵鞘内，每1卵鞘有卵20～40个，排成2～4列。每个雌虫可产4～5个卵鞘，卵鞘是泡沫状的分泌物硬化而成，多粘附在树枝、树皮、墙壁等物体上。初孵出的若虫为"预若虫"，脱皮3～12次始变为成虫。一般1年1代，一只螳螂的寿命约有6～8个月左右，有些种类行孤雌生殖。一些螳螂具有肉食性，专门猎捕各类昆虫和小动物，在田间和林区能消灭不少害虫，所以说螳螂是益虫。螳螂性残暴好斗，

※ 螳螂

缺食时常有大吞小和雌吃雄的现象。生活在南美洲的少数种类螳螂，有时还会攻击小鸟、蜥蜴或蛙类等小动物。螳螂本身就具有保护色，在不同环境下，还并有拟态，能与其所处的环境颜色相似，可以有效捕食多种害虫。

螳螂只吃活着的虫，以有刺的前足牢牢钳食自己的猎物。受到惊吓的时候，振翅沙沙作响，同时显露鲜明的警戒色。常见于植丛中而非地面上，体形可像绿叶或褐色枯叶、细枝、地衣、鲜花或蚂蚁。依靠拟态不但可躲过天敌，而且在接近或等候猎物时不易被发觉。螳螂是凶残的，雌虫在交尾后常吃掉雄虫，卵产在卵鞘内可保护其度过不良天气或天敌袭击，卵数约200个，若虫会同时全部孵出，常互相残杀。

知识窗

　　雌性螳螂无论是从食量、食欲或是捕捉能力等方面，均大于雄性，因此，雄性有时会有被吃掉的危险。雌性的产卵方式特别，既不产在地下，也不产在植物茎中，而是将卵产在树枝表面。交尾后2天，雌性一般头朝下，从腹部先排出泡沫状物质，然后在上面顺次产卵，泡沫状物质很快凝固，形成坚硬的卵鞘。第二年夏天来到的时候，会有数百只若虫从卵鞘中孵化出来，若虫蜕皮数次，便发育为成虫。

拓展思考

1. 为什么母螳螂会把公螳螂吃掉？
2. 螳螂以什么为食？

青 虾

Qing Xia

青虾的体形粗短，整个身体是由头胸部和腹部两部分构成。头部和胸部部各节接合，由一大骨片覆盖背方和两侧，叫做头胸甲或者背甲。头胸部粗大，腹前部较粗，后部逐渐细而且狭小。额角位于头胸部前端中央，上缘平直，末端尖锐，背甲前端有剑状突起，上缘有11～15个赤，下缘有2～4个齿。青虾的体表有坚硬的外壳，起着保护机体的作用，其整体由20个体节组成，头部5节，胸部8节，腹部7节，有步足5对，前2对呈钳形，后3对成爪状。其中雄性虾第2对步足特别强大，第6腹节的附肢演化为强大的尾扇，起着维持虾体平衡，升降及后退的作用。这种虾额角的基部两侧有1对复眼，横接在眼柄的末端，其复眼可自由活动，称为柄眼。青虾的尾节尖细，其背面有2对活动的小刺。除尾节外，每节附肢1对。

※ 青虾

◎分布地区

青虾在我国的分布非常广泛，江苏、上海、浙江、福建、江西、广东、湖南、湖北、四川、河北、河南、山东等地均有分布。它广泛生活于淡水湖、河、池、沼中，以河北省白洋淀、江苏太湖、山东微山湖出产的青虾最有名。青虾喜栖息于江河、湖泊、池塘、沟渠沿岸浅水区或水草丛生的缓流中，白天蛰伏在阴暗处，夜间活动，常在水底、水草及其他物体上攀缘爬行。

◎生长繁殖

青虾属纯淡水产，青虾生活在江河、湖沼、池塘和沟渠内，冬季栖息在水深处，春季水温上升后，始向岸边移动，夏季在沿岸水草丛生处索饵和繁殖。产卵期自 4 月至 9 月初，盛期为 6、7 两月。适宜的水温是 18～28℃。越冬后的母虾，在 4～7 月间可连续产卵二次。当第一次所产的卵孵化时，卵巢又已成熟，接着进行蜕皮、交配和第二次产卵。两次产卵所隔的时间约 20～25 天左右。当年的新虾群中，有一部分虾会在 8 月份性成熟并抱卵，而它们所生的后代在当年是不能产卵的。雌虾的卵巢发育成熟后，卵巢呈褐绿色，腹部侧甲的边缘呈淡黄色，并且向两侧张开，交配在雌虾产卵前进行。交配前，雌虾一般都要先蜕皮。交配的时候，雄虾将

※ 青虾

雌虾抱住，身体的腹面与雌虾的腹面相贴，侧卧水底或水草上，随后雄虾排放精荚。交配的时间很短。交配后的雌虾，一般在 24 小时内即产卵。产卵的时间多在黎明以前。卵巢内所有成熟的卵一次产出。抱卵数与体长成正比，体长 45 毫米以上的雌虾，抱卵数在 1500～4000 粒之间；体长 45 毫米以下的，抱卵 700～2000 粒；在当年新虾群中的抱卵虾（体长 24～35 毫米），抱卵数在 200～500 粒之间。雌雄虾的比例平时约为 10：7，而在产卵盛期，由于雄虾在交配不久即死亡，因而雌雄的比例可降为 10：4。雌虾在繁殖结束以后也陆续死去，所以，青虾的寿命一般仅为一年左右。

知 识 窗

　　青虾具有繁殖力高，适应性较强，食性很广，肉味鲜美，可是常年上市等优点。青虾具背光性，白天隐伏在暗处，夜间出来活动。生殖季节却一反常态，白天也会出来进行交配活动；还有投料时，白天也会出来争食。青虾的主要食物为植物碎屑、浮游生物、腐烂菜类、饭粒。常聚集在桥墩、水闸、塘坝、乱石堆、河边的树根及水草周围。青虾在世界上只分布于我国和日本，除我国西北的高原和沙漠地带外，其他不论哪个地区，只要有水资源就有它的存在。

拓展思考

1. 青虾分布在哪里？
2. 如何养殖青虾？

瓢虫

Piao Chong

瓢虫是一种体色鲜艳的小型昆虫，多见红、黑或黄色斑点。全世界范围内有超过 5000 种以上的瓢虫，其中 450 种以上栖息于北美洲。瓢虫的身体形似半个圆球，一般 5～10 毫米长。足短，色鲜艳。九星瓢虫的图案是在橘红鞘翅上各有四个黑斑点，以及各有半个斑点，这是典型的瓢虫颜色图案。

※ 瓢虫

◎生活习性

瓢虫和其他野生动物一样，它们是没有固定的居所，所以只能坚强地忍受各种恶劣的气候，有时它们会藏身在树叶下面，把它作为挡风遮雨的保护伞。对于昆虫来说，一滴雨水有多种含义。如果它们想饮水，那么雨滴对它们来说就相当于水池，一个看不见底的巨大水杯。但如果环境相对恶劣的时候，雨滴就更显得其大无比，水滴表面的张力也可以使小昆虫像陷入沼泽地一样无法自拔。成年瓢虫会捕食一些肉质嫩软的昆虫，比如说蚜虫，但只要是没有披戴盔甲和其他保护外套，而且身体柔软、体型小的昆虫，都有可能成为它们的美餐。猎物们不会自投罗网，瓢虫必须经常飞动去搜索目标。瓢虫看上去不大可能会飞，它的体型不像个飞行员，而更像是个药箱。它有一个坚硬的外套，而它那套细小精致的翅膀会从外套下伸出，疯狂地舞动。不得不承认，瓢虫确实是一个技艺精湛的飞行家，也正是因为它们具有高超的飞行本领，所以才能在花园的各个角落里来去自如。

◎幼虫的生活

瓢虫在幼虫时期的生活非常简单，几乎每天都在花草间游弋，疯狂地捕食蚜虫。瓢虫的生命非常短暂，从卵生长到成虫的时期只需要大约一个月的时间，所以无论在什么时候，我们都可以在花园里同时发现瓢虫的卵、幼虫和成虫。随着时间的推移，瓢虫的幼虫胃口越来越大，身体也会不断地增长，所以它们必须挣脱旧皮肤的束缚，开始了一个艰辛的历程——蜕皮。这个过程并不像我们脱掉旧衣服，再换一件大号外套那么简单。瓢虫的一生至少要经历5～6次的蜕皮过程，每次蜕皮都将是一次全新的体验，它们的身体会继续增长，直到积蓄足够的能量步入虫蛹

※ 瓢虫

阶段。

　　瓢虫在化成蛹的时候，会先为自己找一个安全的地方，然后悬挂着附在叶面下，开始经历惊心动魄的转变。它会从一个身体娇柔的幼虫变成体质强壮的成年瓢虫。这是一个令人难以想象的过程，幼虫的身体将被分解，然后重新组合、调整，再加以修饰装扮，这一切都是为了迎接它崭新的生命。当它最后破蛹而出变为一只新的成年瓢虫时，还要经历一些转变，因为此时它的身体仍旧柔软娇嫩，尚未完全发育成熟。这时的瓢虫会让自己暴露在阳光下，吸取充足的养分，使体色慢慢加深，斑纹也逐渐显露出来，几个小时后，它就会变得和花园中其他成年瓢虫一模一样了。

▶ 知 识 窗

　　瓢虫通常会将卵产在蚜虫时常出没的地方，以确保自己的儿女出生后能获得最大的生存机率。卵被孵化后，新出生的幼虫就会把身边的蚜虫作为它们可口的食物，幼虫的模样与它的父母区别很大，它们还没有装备上厚实的盔甲，身体非常柔软，成节状分布，但却长着些坚硬的鬃毛，可以起到保护作用。它们的下颚强壮有力，形状就像一把钳子，能够轻易地洞穿蚜虫的身体。瓢虫幼虫在受到外界刺激时，会分泌出一种淡黄色液体（成分为生物碱），虽然无毒，但具有强烈的刺激性气味，借以驱散敌害。

| 拓展思考 |

　　1. 瓢虫以什么为食？

　　2. 瓢虫对生存条件的基本要求有哪些？

三角帆蚌

San Jiao Fan Bang

三角帆蚌是双壳纲蚌目珠蚌科、珠蚌亚科贝类的 一种，是中国特有的物种，它们主要分布于长江中、下游的湖泊及其周围的水域，向北可至山东微山湖及河北白洋淀。三角帆蚌俗称河蚌、珍珠蚌、三角蚌。淡水双壳类软体动物，属瓣鳃纲、蚌科、帆蚌属。

三角帆蚌广泛分布于湖南、湖北、安徽、江苏、浙江、江西等省，尤以我国洞庭湖以及中型湖泊分布较多。壳大而扁平，壳面黑色或棕褐色，厚而坚硬，长近20厘米，后背缘向上伸出一帆状后翼，使蚌形呈三角状。后背脊有数条由结节突起组成的斜行粗肋。珍珠层厚，光泽强。铰合部发达，左壳有2枚侧齿，右壳有2枚拟主齿和1枚侧齿，雌雄异体。

※ 三角帆蚌

◎分布地区

　　三角帆蚌广泛分布于湖南、湖北、安徽、江苏、浙江、江西等省，尤以我国洞庭湖以及中型湖泊分布较多。

◎生活习性

　　三角帆蚌栖息在浅滩泥质底或浅水层中，靠伸出斧足来活动。它是属被动摄食的动物，借外界进入体内的水流所带来的食物为营养，其食性主要以小型浮游生物为主，也滤食细小的动植物碎屑。每年 4 月～5 月，当天气晴暖的时候，水温稳定在 18℃左右时，成熟卵经生殖孔排出附在外鳃瓣上，此时雄性成熟精子随水流从雌蚌的入水管进入外鳃瓣与卵子结合形成受精卵。受精卵经 1 个月发育成钩介幼虫排出体外，遇到鱼类就利用足丝和钩齿抓住鱼体，在鱼身上营寄生生活，大约需经 20 天后可发育成幼蚌。

> ▶知识窗
>
> 　　三角帆蚌是我国特有的河蚌资源，又是育珠的好材料。用它育成的珍珠质量好，80～120 个蚌可育成无核珍珠 500 克，还可育有核珍珠、彩色珠、夜明珠等粒大晶莹夺目的名贵珍珠。肉可食；肉及壳粉可作家畜、家禽的饲料。珍珠及珍珠层粉具有泻热定惊、防腐生肌、明目解毒、止咳化痰等功能，是 20 多种中成药的主要成分，可用于治疗多种疾病，并有嫩肤美白的特殊作用。用珍珠加工成的饰物，精致美观，高贵典雅，其价格昂贵，可供外贸出口。

拓展思考

1. 三角帆蚌有何经济价值？
2. 三角帆蚌有哪些主要生活习性？

蝗 虫

Huang Chong

蝗虫是群居型昆虫，全世界有大约有1万多种，分布于热带、温带的草地和沙漠地区，其散居型有蚱蜢、草蜢、草螟、蚂蚱。蝗虫的数量极多，生命力顽强，能栖息在各种场所。在山区、森林、低洼地区、半干旱区、草原分布最多。幼虫能跳跃，成虫可以飞行。蝗虫大多以植物为食，是作物的重要害虫，在严重干旱时可能会大量爆发，对自然界和人类形成灾害。

※ 蝗虫

◎蝗虫的生理结构

蝗虫的触觉很灵敏，其触角、触须、尾须，以及腿上的感受器都可感受触觉。味觉器在口内，触角上有嗅觉器官。第一腹节的两侧、或前足胫节的基部有鼓膜，鼓膜主要管听觉。复眼主管视觉，单眼主管感光。后足腿节粗壮，适于跳跃。雄性蝗虫以左右翅相互摩擦或以后足腿节的音锉摩擦前翅的隆起脉而发音，有的种类飞行时也能发音。

　　蝗虫的天敌有许多种，多为禽类、鸟类、蛙类和蛇等，同时人类也大量捕捉，有些地区的人们甚至以蝗虫为食品。蝗虫通常都是绿色、灰色、褐色或黑褐色，头大，触角短；前胸背板坚硬，像马鞍似的向左右延伸到两侧，中、后胸愈合不能活动。蝗虫的脚很发达，尤其是后腿的肌肉，更加的强劲有力，外骨骼坚硬，使它成为跳跃专家，胫骨还有尖锐的锯刺，是有效的防卫武器。头部除有触角外，还有一对复眼，是主要的视觉器官。同时还有 3 只单眼，仅能感光。头部下方有一个口器，是蝗虫的取食器官。蝗虫的口器是由上唇、上颚、舌、下颚、下唇组成的。它的上颚很坚硬，适于咀嚼，因此这种口器叫做咀嚼式口器。蝗虫的听觉器官在腹部，其体内有粗细不等的纵横相连的气管，气管一再分支，最后由微细的分支与各细胞发生联系，进行呼吸作用。

◎蝗虫的发育

　　蝗虫繁殖的最佳季节是夏季和秋季这两个季节，交尾后的雌蝗虫把产卵管插入 10 厘米深的土中，再产下约 50 粒的卵。产卵的时候，雌虫会分泌白色的物质形成圆筒形栓状物，然后再把卵粒产下。

※ 蝗虫

　　蝗虫的发育过程比较复杂，它的生命是从受精卵开始的。刚开始由卵孵出的幼虫没有翅，只能够跳跃，这个时候叫做"跳蝻"。跳蝻的形态和生活习性与成虫相似，只是身体较小，生殖器官没有发育成熟，这种形态的昆虫又叫"若虫"。若虫逐渐长大，当受到外骨骼的限制不能再长大时，就脱掉原来的外骨骼，这叫蜕皮。蝗虫的一生要蜕 5 次皮，由卵孵化到第一次蜕皮，是 1 龄，以后每蜕皮一次，增加 1 龄。3 龄以后，翅芽显著。5 龄以后，变成能飞的成虫。可见，蝗虫的个体发育过程要经过卵、若虫、成虫三个时期，像这样的发育过程，叫做不完全变态。通常情况下，昆虫由卵发育到成虫，并且能够产生后代的整个个体发育史，称为一个世代，蝗虫在我国有的地区一年能够发生夏蝗和秋蝗两代，因此有两个时代。

蝗虫的卵大约需要 21 天即可孵化。孵化的若虫自土中匍匐而出，这个时候的外形和成虫很像，只是没有翅，体色较淡。幼虫在最初的一、二龄长得更像成虫，但头部和身体不成比例。到了三龄长出翅芽，这时四龄翅芽已很明显了。五龄时的若虫身体发育已经成熟，再取食数日就会爬到植物上，身体悬垂而下，静待一段时间，成虫即羽化而出。

▶ 知识窗

蝗虫自幼虫起就有发达的咀嚼式口器，用以嚼食植物的茎、叶，善飞善跳，头部的一对触角是嗅觉和触觉合一的器官。它的咀嚼式口器有一对带齿的发达大颚，能咬断植物的茎叶。它后足强大，跳跃时主要依靠后足。蝗虫飞翔时，后翅起主要作用，静止时前翅覆盖在后翅上保护作用。雌性蝗虫的腹部末端有坚强的"产卵器"，能插入土中产卵，蝗虫产卵场所大都是湿润的河岸、湖滨和山麓和田埂。每 30～60 个卵成一块。从卵中孵出而未成熟的蝗虫叫"蝻"，需蜕 5 次皮才能发育为成虫。雨过天晴，可促使虫卵大量孵化。蝗虫的飞翔能力着实惊人，它们可连续飞行 1～3 天，蝗虫飞过时，群蝗振翅的声音非常响亮，就像海洋中的暴风呼啸。

拓展思考

1. 蝗虫的天敌有哪些？
2. 蝗虫以什么为食？